高等职业教育机电类专业系列教材

UG NX 10.0 多轴数控加工教程

主编　李玉炜　罗冬初
参编　陈　琳　周旭光

机械工业出版社

当前，多轴（四轴和五轴）数控加工在企业和职业院校中的应用越来越广泛，很多学校在多轴数控加工的实践教学中缺少实用的教材。针对教学现状，编者总结了20多年的生产、科研和教学经验，编写了本书。

本书共分为10个项目，前面4个项目是关于四轴数控加工的内容，后面6个项目是关于五轴数控加工的内容；共有8个案例，每个案例都有完整的操作步骤、设计技巧、实际操作视频、三维模型源文件和加工程序。本书采用双色印刷，突出了重点内容，相关操作视频以二维码形式附于正文中，手机扫码即可观看，方便学生学习。

本书可作为职业院校相关专业的教学用书和企业工程技术人员的参考用书，也可作为UG多轴数控加工编程的培训教材。

本书配有电子课件、视频资源和源文件，凡使用本书作为教材的教师可登录机械工业出版社教育服务网 www.cmpedu.com 注册后免费下载。咨询电话：010-83379375。

图书在版编目（CIP）数据

UG NX 10.0 多轴数控加工教程/李玉炜，罗冬初主编. —北京：机械工业出版社，2020.8（2024.8 重印）

高等职业教育机电类专业系列教材

ISBN 978-7-111-66172-6

Ⅰ.①U… Ⅱ.①李… ②罗… Ⅲ.①数控机床-加工-计算机辅助设计-应用软件-高等职业教育-教材 Ⅳ.①TG659-39

中国版本图书馆 CIP 数据核字（2020）第 132880 号

机械工业出版社（北京市百万庄大街 22 号　邮政编码 100037）
策划编辑：王英杰　　　　　责任编辑：王英杰　陈　宾
责任校对：郑　婕　张　征　封面设计：张　静
责任印制：张　博
北京建宏印刷有限公司印刷
2024 年 8 月第 1 版第 7 次印刷
184mm×260mm · 12.75 印张 · 314 千字
标准书号：ISBN 978-7-111-66172-6
定价：39.80 元

电话服务　　　　　　　　　网络服务
客服电话：010-88361066　　机 工 官 网：www.cmpbook.com
　　　　　010-88379833　　机 工 官 博：weibo.com/cmp1952
　　　　　010-68326294　　金 书 网：www.golden-book.com
封底无防伪标均为盗版　机工教育服务网：www.cmpedu.com

前 言
FOREWORD

多轴（四轴和五轴）数控加工的广泛应用是机械加工的发展趋势。为了普及多轴数控加工知识，满足多轴数控加工实训教学的实际需求，编者编写了本书。

本书有以下特点：

1）书中内容是对编者 20 多年来在企业、学校中的工作和参加数控加工技能大赛的经验总结。

2）根据实际加工的需要，书中只编入了必须掌握的内容。

3）书中所选案例都来源于实际案例。

4）本书对案例进行了改编，提炼出了案例中的关键点和难点。

5）书中案例强调加工的工艺性，详细地写出了零件的加工思路、装夹方法等内容。

本书包括 10 个项目，其内容简介如下：

项目一介绍了多轴数控加工和四轴数控加工的特点，以具有代表性的四轴数控机床（旋转轴为 A 轴）为例介绍其操作方法。

项目二~四为四轴数控加工实例，通过 3 个案例介绍典型四轴数控加工零件的 UG 建模和编程方法。

项目五介绍五轴数控加工的特点，以米克朗 HSM400u 五轴数控机床为例介绍其操作方法。

项目六~十为五轴数控加工实例，通过 5 个案例介绍五轴数控加工零件的 UG 建模和编程方法。

本书由李玉炜、罗冬初任主编，陈琳、周旭光参加编写。项目一、项目三、项目四、项目五、项目七、项目八、项目九由李玉炜编写，项目二、项目六、项目十由罗冬初编写，陈琳参与编写项目一、项目三，周旭光参与编写项目五。本书凝聚了编者 20 多年从事多轴数控设计和加工的经验与心得体会。

本书配有电子课件、8 个案例的 prt 格式文件（带加工程序）和操作视频，方便读者掌握建模、工艺分析和编程的方法与技巧。

由于编者水平有限，书中不妥和错误之处在所难免，敬请读者批评指正。

编　者

目 录
CONTENTS

项目一 多轴（四轴和五轴）数控机床简介和四轴数控机床的基本操作

任务一 认识多轴（四轴、五轴）数控机床

一、轴的概念

如图 1-1 和图 1-2 所示，一般工件在空间中未定位时，有 6 个自由度：3 个沿笛卡儿坐标系的 X、Y、Z 轴移动的线性自由度和 3 个与 A、B、C 轴对应的旋转自由度。

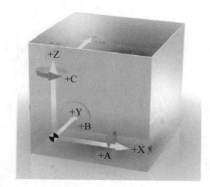

图 1-1 笛卡儿坐标系

旋转轴环绕于	旋转轴名称
X轴	A轴
Y轴	B轴
Z轴	C轴

图 1-2 直线轴和旋转轴

二、数控机床分类

1. 三轴数控机床

一般的数控机床在设计时，需要根据加工对象设置轴数。市面上较常见的三轴数控机床具有 X、Y、Z 3 个直线轴，数控机床加上能自动换刀的刀库就称为加工中心。

2. 四轴数控机床

四轴数控机床是在 X、Y、Z 三个直线轴基础上增加了 1 个旋转轴，该旋转轴通常称为第 4 轴。在四轴数控机床中，第四轴绕 X 轴旋转的称为 A 轴；绕 Y 轴旋转的称为 B 轴；绕 Z 轴旋转的称为 C 轴。本书中的四轴数控机床以 A 轴为旋转轴，如图 1-3 所示。

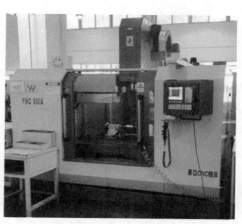

图 1-3 配华中数控系统的四轴数控机床

四轴数控机床可以加工各种特殊的轴类零件，如图 1-4 所示。

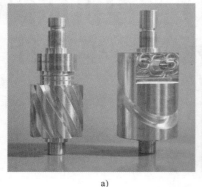
a)

b)

c)

图 1-4　轴类零件

3. 五轴数控机床

五轴数控机床包含 3 个直线轴和 2 个旋转轴。五轴数控机床共有 3 种类型，分别为摇篮式、双摆头式和摆头工作台式，下面分别进行介绍。

（1）摇篮式五轴数控机床　主轴位置不动，两个旋转轴均在工作台上，有 A、C 轴联动（图 1-5a）和 B、C 轴联动（图 1-5b）两种。因为工件加工时随工作台旋转，所以必须考虑装夹承重，只能加工尺寸比较小的工件。图 1-5c 所示为米克朗 HSM400u 五轴数控机床，工作台以 B、C 轴为旋转轴，属于摇篮式五轴数控机床，其载重限额为 20kg，最大加工直径为 400mm。

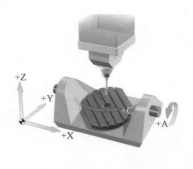
a) A、C轴联动

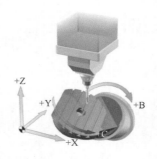
b) B、C轴联动

c) 米克朗HSM400u机床

图 1-5　摇篮式五轴数控机床

（2）双摆头式五轴数控机床　其工作台位置不动，两个旋转轴均在主轴上，有 B、C 轴联动（图 1-6a）和 A、C 轴联动（图 1-6b）两种类型。这种形式的机床能加工较大尺寸的工件。图 1-6c 所示为双摆头式五轴数控机床。

（3）摆头工作台式五轴数控机床　其两个旋转轴分别放在主轴和工作台上，工作台旋

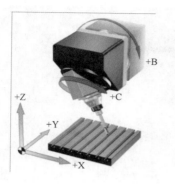

a）B、C轴联动

b）A、C轴联动

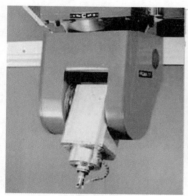

c）双摆头式五轴数控机床

图 1-6 双摆头式五轴数控机床和其旋转轴分类

转，可装夹较大的工件；主轴摆动，能灵活地改变刀轴方向，如图 1-7 所示。

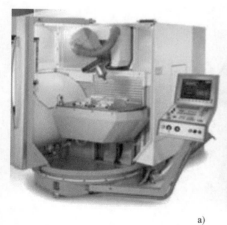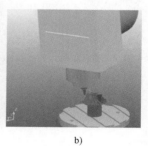

a)

b)

图 1-7 摆头工作台式五轴数控机床

三、多轴加工的优点

多轴数控机床具有以下优点：

1）一次装夹能完成三轴加工机床多次装夹才能完成的加工内容。如加工滑块，如图 1-8 所示。

2）能用更短的刀具伸长加工陡峭侧面，提高了加工的表面质量和效率，如图 1-9 所示。

3）直纹面或斜平面可充分利用刀具侧刃和平刀底面进行加工，且加工效率和质量更高，如图 1-10 所示。

图 1-8　滑块

图 1-9　加工陡峭侧面

图 1-10　侧刃加工

4）五轴加工和高速加工结合，使模具加工不再拘泥于采用放电加工，并改变了模具零部件的制造工艺，大大缩短了模具的制造周期，如图 1-11 所示。

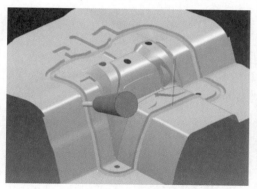

图 1-11 加工模具曲线槽

任务二 四轴数控机床的基本操作方法

本书以搭配华中数控系统的四轴数控机床为例，讲解数控机床的基本操作方法。图 1-12 所示为深圳华亚四轴数控机床。

一、机床开机

1）检查机床状态是否正常，打开总电源和机床电源开关。
2）检查风扇电动机运转和面板指示灯是否正常。
3）检查气压开关是否打开、是否漏气。本机床主轴采用气动方式抓紧刀具。

二、回参考点

按机床控制面板上的【回参考点】键，此时该按键左上角的灯会亮起。先回 Z 轴原点，按控制面板右下方的【+Z】键，耐心等待直至【+Z】按键灯亮起；再依次按【+X】、【+Y】、【+4TH】键，待所有轴回原点后，对应的按键指示灯会亮起，即建立了机床坐标系。图 1-13 所示为华中数控系统操作面板。此时，主轴位置在最高处，工作台在其左前面。

图 1-12 深圳华亚四轴数控
机床（搭配华中数控系统）

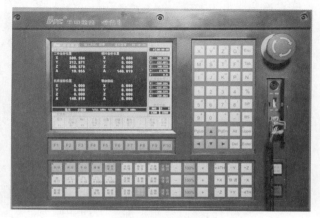

图 1-13 操作面板

三、安装工件

1）松开自定心卡盘，清理卡盘处的切屑和脏污。

2）将工件装夹在卡盘上，因为毛坯是精料毛坯，所以在安装时应在工件与卡盘接触的位置垫一层纸以保护工件表面，如图 1-14 所示。

图 1-14　装夹工件

3）使用顶尖顶住工件将其固定，如图 1-15 所示。因为工件伸出太长时，如果不将其顶住，加工时工件会受力变形，从而影响加工精度和效率。

4）顶尖及工件的同轴度和直线度的测量和调整。如图 1-16 所示，把千分表的测头分别置于顶尖和圆柱形工件的表面上，用手转动顶尖和工件，可以测量顶尖和工件的同轴度，调整顶尖及工件的位置，直至旋转顶尖和工件时，千分表表针始终在 0.01mm（10 个格）范围内跳动。测量直线度时，千分表测头从尾到头滑过工件表面，调整其位置，直至千分表表针保持在 0.01mm 范围内。

图 1-15　后顶尖　　　　　　　　　　图 1-16　同轴度和直线度的测量

四、安装刀具

1）清理刀具和刀柄，将弹簧夹套卡入圆螺母内，如图 1-17 所示。

2）将刀具的刀柄插入弹簧夹套内，不得装夹到切削刃的工作部分，并根据加工深度适当调整刀具伸出部分的长度，如图 1-18 所示。

3）用扳手拧紧圆螺母，如图 1-19 所示。

4）按一下控制面板上的【换刀允许】键，按键内指示灯亮起。

5）清洁刀柄锥面，左手握住刀柄，使刀柄的键槽对准主轴端面的凸起处，将刀柄锥面垂直伸入到主轴内，同时右手按住主轴换刀的按键，待放置好刀柄后松开按键，刀柄即被自

图 1-17 安装弹簧夹套

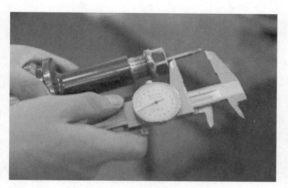

图 1-18 装夹并调整刀具

图 1-19 拧紧圆螺母

动夹紧，确认夹紧后方可松开左手。刀具安装完成后再按 1 次【换刀允许】键，按键内指示灯熄灭，如图 1-20 所示。

五、分中对刀

1）安装机械式分中棒，安装方法参考刀具的安装。

2）在"主菜单"中按一下【F3】键，进入 MDI 模式，在控制面板中按【单段】键，手动输入"M3S500"，按下绿色的【循环启动】键，主轴开始旋转，转速为 500r/min。

3）在"主菜单"中按【F5】（设置）→【F5】（坐标系设定）键进行相关设定。然后按【增量】键，选择数控系统的相对坐标系，使用手轮控制机床移动，如图 1-21 所示。

4）X 轴对刀。

① 工件坐标原点在工件的左端面处，用分中棒大圆柱（直径为 10mm）接触工件（图 1-22），先将手轮置于"×100"档（每格 0.10mm）控制分中棒逐渐向工件左端面移动，接近后再使用"×10"档（每格 0.01mm）继续以上操作，使分中棒与机床主轴同轴，如再往前走 1

图 1-20 安装刀柄

图 1-21 手轮

图 1-22 X轴对刀

格（0.01mm），分中棒上下圆柱会突然错开，此时分中棒轴线离工件左端面 5mm。注意：对 "G54" 坐标系中的 X 轴进行对刀时，应将显示屏上的光标移动至此坐标系的 X 轴处，如图 1-23 所示。

② 保持分中棒不动，在 "主菜单" 中按【F1】测量键，输入 "+5"，按【Enter】键确认。因为分中棒的直径是 10mm，所以应将此时分中棒的 X 轴坐标值加 5 才是工件左端面原点的位置。完成以上操作后按【+Z】键将分中棒抬起。

5）Y 轴对刀。将分中棒移至图 1-24 所示位置（工件后方）。使用与 X 轴对刀同样的方法进行 Y 轴对刀，当分中棒两圆柱突然错开时，回到 "主菜单" 按【F3】（分中）键，接着按【Y】键。将分中棒移至工件前方进行对刀，确定位置后按【Y】键，再按【Enter】键。完成 Y 轴对刀。最后按一下【主轴停止】键。

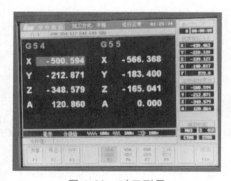

图 1-23 对刀测量

图 1-24 Y轴对刀分中

6）X、Y 轴对刀确认。将分中棒抬起至高于工件约 30mm 的位置，回到控制面板，按【单段】键，然后按【F3】（MDI）键，输入 "G54X0Y0"，按【Enter】键确认。按【循环启动】键，观察分中棒是否在原点正上方。确认无误后保持分中棒在 X、Y 轴的坐标。

7）Z 轴对刀。

① 按一下【换刀允许】键将分中棒换成直径为 8mm 的刀具（将使用的刀具），使用直径为 10mm 的刀具光杆部分置于工件表面，一定要保证 Z 轴慢慢向上移动，使用手轮的 "×10" 档不断调整刀具的高度，直至使直径为 10mm 的刀具光杆刚好能滚过图 1-25 所示间

图 1-25　Z 轴对刀

隙。注意：一定要保证 Z 轴慢慢向上移动，不能向下，否则会损伤手指或刀具。

②回到"G54"坐标系，按【F1】（测量）键，输入"+45"（工件直径为 35mm，测量刀具光杆部分直径为 10mm），按【Enter】键确认。Z 轴上移，将主轴沿 Y 轴移动并离开工件一段距离，使用"G54Z0"单段程序验证 Z 轴对刀是否正确。

8）A 轴对刀。在"G54"坐标下，将光标移至 A 轴处，按【Enter】键，完成 A 轴对刀。

六、程序传输

1. 加工前准备工作

1）安装机床通信软件。打开"华中数控通信软件 NetDnc"安装包，双击"Setup. exe"进行安装，安装完成后生成的快捷方式图标如图 1-26 所示。

2）准备后处理文件。如图 1-27 所示，3 个后处理文件需相互调用，因此将 3 个文件放在同一文件夹中。

图 1-26　通信软件

fanuc_4x_a.def	2016/11/17 13:23	DEF 文件	21 KB
fanuc_4x_a.pui	2016/11/17 13:23	PUI 文件	55 KB
fanuc_4x_a.tcl	2016/11/17 13:23	TCL 文件	193 KB

图 1-27　后处理文件

2. UG 程序后处理

1）用鼠标右键单击第一个要加工的程序，单击"后处理"按钮。

2）单击"浏览查找后处理器"按钮，选择"fanuc_4x_a. pui"文件，文件可命名为"O1001"，设置"文件扩展名"为"NC"，单击"确认"按钮，如图 1-28 所示。弹出一个文档，此时文件已自动保存在电脑中，可将其关闭。

3）用鼠标右键单击保存的文件。在右键菜单中单击"打开方式"→"记事本"按钮运行文件。编辑开头和结尾代码，如图 1-29 所示。

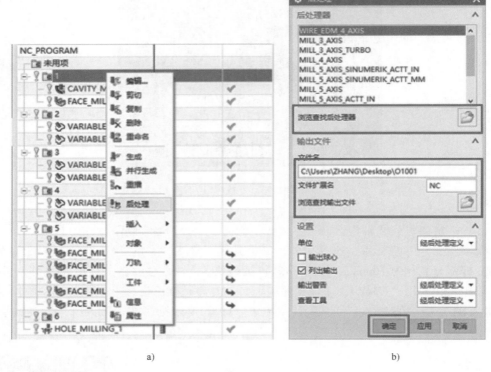

图 1-28　程序后处理

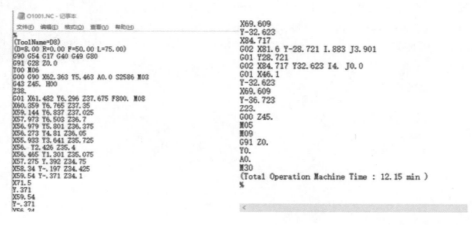

图 1-29　程序

4）修改程序：开头添加"G64"代码。"G64"为连续切削代码，个别系统没有"G64"指令，导致每走一行程序就会出现一个停顿，添加"G64"代码后可以连续加工，加工效果光顺并提高了加工效率，如图 1-30 所示。

3. 传输加工程序

1）在机床"主菜单"中按【F1】（程序）→【F8】（机床通信）键，如图 1-31 所示。

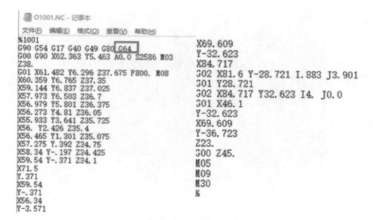

图 1-30　程序修改

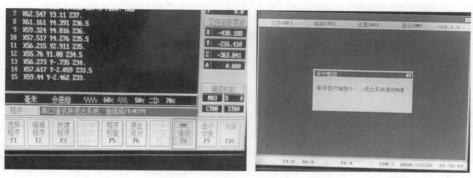

图 1-31　机床通信

2）在电脑中打开华中数控通信软件，单击"串口通讯"→"上传 G 代码"按钮，在弹出的对话框中选择第 1 个要加工的程序，单击"打开"按钮，完成发送，如图 1-32 所示。

3）回到机床控制面板，按【X】键退出传输界面，按【F1】（选择程序）键选择上传的文件并检查其发送日期是否正确，如图 1-32 所示。

图 1-32　选择程序

七、运行加工程序

1）要在 MDI 模式下运行"G54"坐标系，否则机床会报警，提示没有加工坐标系。

2）检查代码。确认文件中代码无误后按控制面板上的【自动】键，并关闭机床防护门，将进给率减至较低速率，按【循环启动】键开始加工，如图 1-33 所示。确认没有问题后加快进给速率。

3）加工完成后对工件进行初步测量，保证工件的加工精度，如图 1-34 所示。

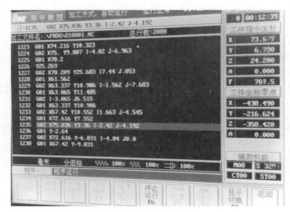

图 1-33　运行程序

图 1-34　测量加工精度

4）用同样方法对其他加工程序进行传输和运行。注意：如果运行不同程序需要换刀，换刀后只需重新进行 Z 轴对刀。

5）完成加工和测量工件。待加工完成后，将机床工作台移动至离自己较近的地方，用游标卡尺对工件进行初步测量，再用喷气枪将工件上的切屑和油渍清理干净，取下工件，用抹布擦拭干净后再次测量工件。

八、关机

1）按下控制面板上的【急停】键。
2）断开机床电源。
3）断开机床控制柜电源。

任务三　常见问题的处理

一、机床保养

1）按要求摆放好刀具、量具和机床配件。
2）清理夹具、导轨、工作台和防护门上的切屑等脏物。

二、超程报警

1）问题原因：在移动机床工作台时，超过了机床的最大允许行程。

2）解决办法：持续按住机床面板上的【超程解除】键，并同时按控制面板上超程方向的反向按键，如图 1-35 所示。注意：解除超程时不能使用手轮操作。

三、润滑系统报警

图 1-35　方向控制键

1）问题原因：润滑油不足。

2）解决办法：在机床左后侧找到润滑油储存罐，拧开储存罐口加润滑油进去，如图 1-36a 所示。并按储存罐上的【RSET】键，如图 1-36b 所示。注意：油量不能超过最大容量标识线。

a)

b)

图 1-36　添加润滑油

四、加工过程中发生断刀

1）问题原因：程序错误；进给量过高；刀具磨损严重。

2）解决办法：检查程序；减少进给速率；更换刀具并重新对刀。如果有必要应修改程序，使用其他直径的刀具。

任务一　建　　模

一、零件图

图 2-1 所示为圆柱凸轮零件图，材料为 6061 铝合金。零件结构比较简单，建模关键位置是凸轮槽。

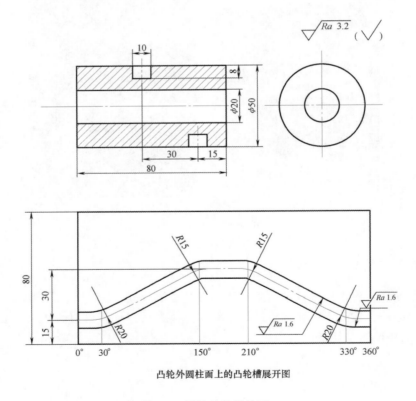

凸轮外圆柱面上的凸轮槽展开图

图 2-1　圆柱凸轮零件图

二、3D 建模

圆柱凸轮的最终建模结果如图 2-2 所示。具体建模步骤如下。

1）启动 UG NX10.0。双击软件快捷方式 。

2）单击"文件"→"新建"命令按钮，弹出"新建"对话框。在"模板"中选择"模型"，在"名称"文本框中输入"圆柱凸轮"，在"文件夹"中选择"E:\UG\"（文件夹中目录根据自己的计算机情况设置），"单位"选择"毫米"，单击"确定"按钮，进入绘图界面。

3）单击"拉伸"按钮 ，选择 X-Y 基准平面进行草图绘制。

4）在基准平面绘制 φ50mm 外圆和 φ20mm 内圆，完成后的草图曲线如图 2-3 所示。

图 2-2　圆柱凸轮建模完成图

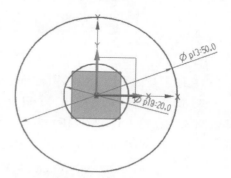

图 2-3　同心圆草图曲线

5）单击"完成草图"按钮，弹出"拉伸"对话框，在"结束"的"距离"中输入"80"，如图 2-4 所示，单击"确定"按钮完成拉伸。

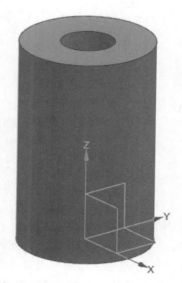

图 2-4　"拉伸"对话框及完成结果

6）单击"基准平面"按钮 ，选择 X-Z 基准平面，在"偏置"中设置"距离"为"25"，产生一个与圆柱体相切的平面，如图 2-5 所示。

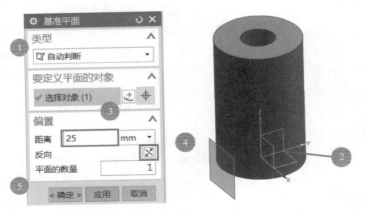

图 2-5　创建基准平面

7）在刚创建的平面上绘制圆柱凸轮槽展开曲线。

① 单击"工具"→"表达式"按钮，新建表达式 $d = 50$，$a = d * pi( )$，$b = a/360$。其中参数 d 是圆柱体直径，a 是圆柱体外圆展开周长，b 是圆柱体展开后单位角度对应的长度。表达式设置完成后如图 2-6 所示。

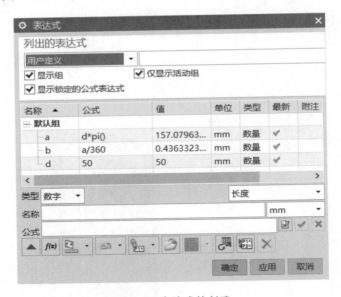

图 2-6　表达式的创建

② 在基准平面绘制图 2-7 所示草图曲线，注意标注水平尺寸时使用表达式设置的参数。

8）缠绕曲线，单击"插入"→"派生曲线"→"缠绕/展开曲线"按钮，弹出"缠绕曲线"对话框，在"曲线或点"选项中选择步骤 7）中绘制的草图曲线，在"面"选项中选择外圆柱面，在"刨"选项中选择步骤 6）中创建的基准平面，如图 2-8 所示。注意：图中"刨"是翻译问题，有的版本翻译为"平面"。

9）单击"插入"→"在任务环境中绘制草图"按钮，选择 Y-Z 基准平面进行绘制，绘制图 2-9 所示草图曲线。

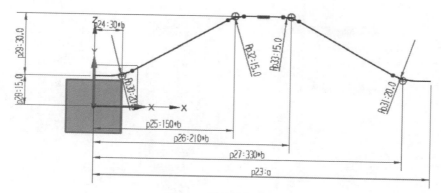

图 2-7　展开草图曲线

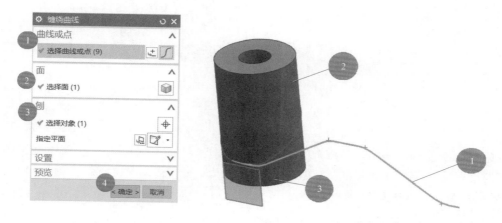

图 2-8　缠绕曲线操作

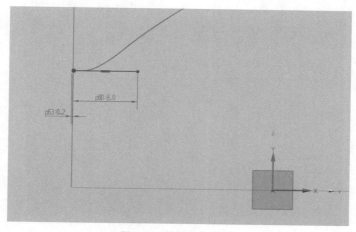

图 2-9　截面草图曲线

10）扫掠：单击"插入"→"扫掠"按钮，"截面"选择上一步骤中建立的直线，"引导线"选择缠绕曲线，"方向"设置为"强制方向"，"指定矢量"选择 Z 轴，单击"确定"按钮完成扫掠，如图 2-10 所示。

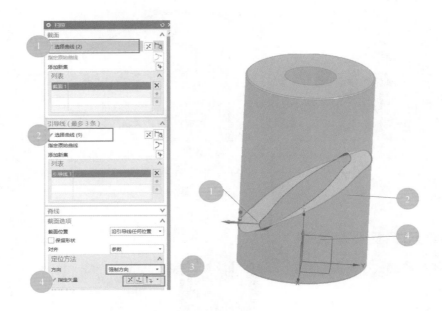

图 2-10   扫掠操作

11）单击"插入"→"偏置/缩放"→"加厚"按钮，"面"选择上一步骤中创建的扫掠面，"厚度"中"偏置 1"设为"5"，"偏置 2"设为"-5"，设置"布尔"为"求差"，单击"确定"按钮，如图 2-11 所示。

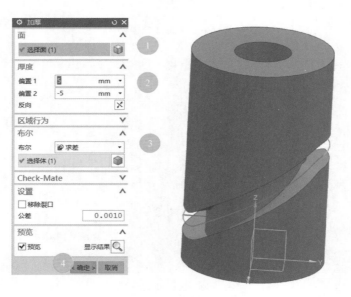

图 2-11   加厚创建凸轮槽

12）对内圆和外圆端面进行 C0.5 倒角，至此圆柱凸轮的建模全部完成，保存文件。

任务二 加工工艺

一、工艺分析

圆柱凸轮零件结构简单，毛坯为棒料，其中 φ50mm 外圆和 φ20mm 的中心孔已经在上道工序车削加工中完成。零件材料为 6061 铝合金。要求在 φ50mm 圆柱表面完成 10mm× 8mm 槽的加工。该零件需采用四轴加工，可以使用四轴或五轴数控机床，本案例拟采用三坐标轴加一转台结构的四轴数控机床完成加工。

二、程序编写流程及加工工序卡

圆柱凸轮零件加工工序卡见表 2-1。

表 2-1 圆柱凸轮零件加工工序卡

工步号	工步名	编程方法	加工部位	刀具号	刀具规格	主轴转速/（r/min）	进给速度/（mm/min）	刀轴	备注
1	粗加工	可变轮廓铣	凸轮槽中间	1	D8	3000	2000	远离直线（X 轴）	见图 2-12a
2	粗加工	可变轮廓铣	凸轮槽右边	1	D8	3000	2000	远离直线（X 轴）	见图 2-12b
3	粗加工	可变轮廓铣	凸轮槽左边	1	D8	3000	2000	远离直线（X 轴）	见图 2-12c
4	精加工	可变轮廓铣	凸轮槽右边	2	D8	3000	400	远离直线（X 轴）	见图 2-12d
5	精加工	可变轮廓铣	凸轮槽左边	2	D8	3000	400	远离直线（X 轴）	见图 2-12e

a) 凸轮槽中间粗加工

b) 凸轮槽右边粗加工

c) 凸轮槽左边粗加工

d) 凸轮槽右边精加工

e) 凸轮槽左边精加工

图 2-12 程序编写流程

任务三　加工编程准备

一、建立坐标系

1）进入加工模块，在"加工环境"对话框中设置"CAM 会话配置"为"cam_general"，"要创建的 CAM 设置"为"mill_multi-axis"，如图 2-13 所示。

2）单击"几何视图"按钮 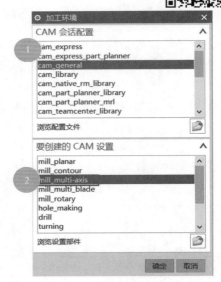，在对应的"工序导航器"中双击 MCS，将坐标系原点设置在圆柱凸轮左端面中心点，"安全设置选项"选择"圆柱"，"指定点"设为"0，0，0"，"指定矢量"选择"-XC 轴"（进行不同操作时矢量可能不一样，矢量在圆中心即可），"半径"设为"50"，完成坐标系的设定，如图 2-14 所示。本案例可以不设置"WORKPIECE"。

图 2-13　启动多轴加工模块

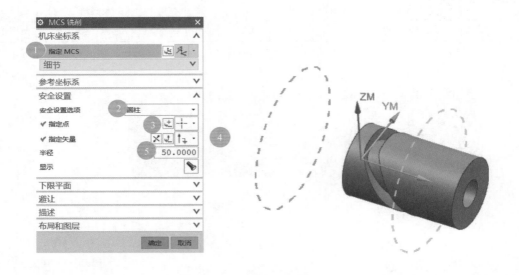

图 2-14　坐标系及安全设置

二、创建刀具

单击"机床视图"按钮，在对应的"工序导航器"中创建 ϕ8mm 面铣刀"D8"，具体参数设置如图 2-15 所示。同样创建另外一把 ϕ8mm 精加工刀具"D8JING"。

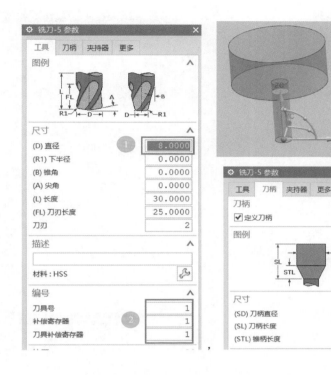

图 2-15 创建刀具

任务四 编写加工程序

一、凸轮槽中间粗加工

1）单击"创建工序"按钮，在"类型"中选择"mill_multi-axis"，在"工序子类型"中选择"可变轮廓铣" ，"刀具"选择"D8"，"几何体"选择"WORKPIECE"，名称默认或者自己命名，如图 2-16 所示。

2）在"可变轮廓铣"对话框（图 2-17）中设置"驱动方法"选项中的"方法"为"曲面"，会弹出"驱动方法"报警弹窗，如图 2-18 所示，单击"确定"按钮，进入"曲面区域驱动方法"对话框，"刀具位置"选择"对中"，"驱动设置"中的"切削模式"选择"螺旋"，"步距"选择"数量"，"步距数"设为"20"，如图 2-19 所示。在"指定驱动几何体"选项中单击按钮 ，选择扫掠产生的曲面，单击"切削方向"按钮 ，选择图 2-20 所示位置，其余参数默认。单击"确定"按钮退出当前对话框。需要注意的是，如果凸轮底部需要留余量可以单击"切削区域"中的"曲面%"，调节结束步长即可，如图 2-21 所示。如将"结束步长%"调整为"99"，底面就会留 0.08mm 的余量。本案例中的圆柱凸轮主要对侧面加工要求高，底面一次加工完成即可，不做考虑。

22

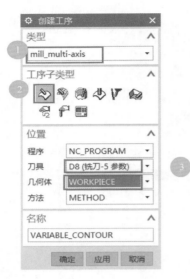

图 2-16　创建工序

图 2-17　可变轮廓铣操作

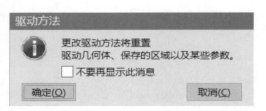

图 2-18　"驱动方法"报警弹窗

图 2-19　设置曲面区域驱动方法

图 2-20　指定切削方向

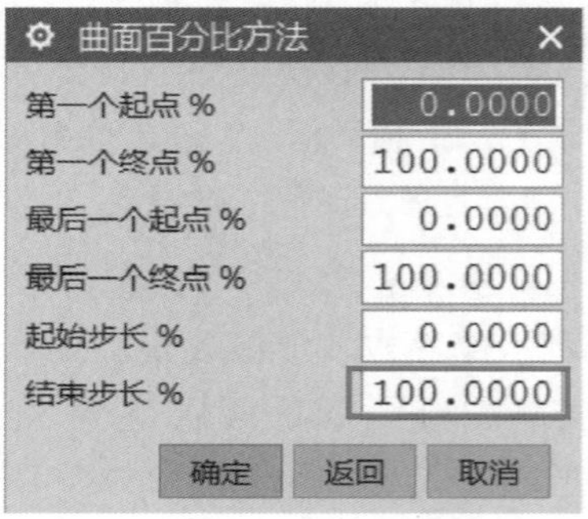

图 2-21　调整曲面加工范围

3）在"投影矢量"选项中的"矢量"选择"刀轴"，"刀轴"选项中的"轴"选择"远离直线"，弹出"远离直线"对话框，"指定矢量"选择"–XC轴"，如图2-22所示。

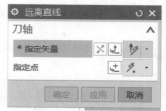

图2-22　选择投影矢量

4）在"非切削移动"对话框中，"进刀类型"设置为"插削"，如图2-23所示。因中间曲面比圆柱面高0.2mm，所以下刀时不存在踩刀现象。在"进给率和速度"对话框中设置"主轴速度"为"3000"，"切削"为"2000"，如图2-24所示。

5）生成的刀具路径如图2-25所示。

图2-23　设置非切削移动参数　　　图2-24　设置进给率和速度　　　图2-25　生成的刀具路径

二、凸轮槽右边粗加工

1）复制并粘贴凸轮槽中间开粗的加工程序，然后修改相应参数即可。选中该程序，然后用右键菜单中的"复制"和"粘贴"命令创建出新的程序。

2）编辑新程序，重新选择驱动面，在"驱动几何体"中删除之前选择的扫掠面，然后选择凸轮右边曲面，如图2-26所示。"刀具位置"选项由"对中"改为"相切"，在"偏置"选项中的"曲面偏置"设为"0.1"，即留0.1mm余量。因中间已进行粗加工，侧面余量只有1mm，"步距数"由"20"改为"10"，如图2-27所示。"切削方向"选择外圆表面右边箭头，保证顺铣切削，如图2-28所示。单击材料反向按钮 [×]，使材料方向朝外，如图2-29所示。为安全起见，将曲面开始位置向外延伸2%，即"起始步长%"改为"–2"，如图2-30所示。

图 2-26　修改驱动面

图 2-27　设置曲面区域驱动方法

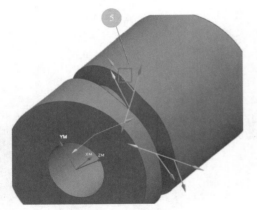

图 2-28　选择切削方向

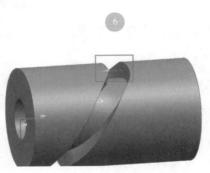

图 2-29　选择材料方向

3）最后生成的刀具路径如图 2-31 所示。

图 2-30　调整曲面加工范围

图 2-31　生成的刀具路径

三、凸轮槽左边粗加工

复制并粘贴上一步生成的加工程序，然后修改相应参数即可。选择凸轮槽右边粗加工的加工程序，复制并粘贴出新的程序。重新编辑新程序，在"驱动几何体"中先删除之前选择的凸轮右边面，然后选择凸轮左边曲面，如图 2-32 所示。"切削方向"选择图 2-33 所示位置，单击"材料反向"按钮 ✕，使材料方向朝外，如图 2-34 所示。其余参数默认即可，最后生成的刀具路径如图 2-35 所示。

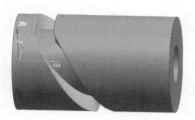

图 2-32 选取凸轮左边曲面

图 2-33 选择切削方向

图 2-34 选择材料方向

图 2-35 生成的刀具路径

四、凸轮槽右边精加工

复制并粘贴凸轮槽右边开粗的加工程序，然后修改相应参数即可。选择凸轮槽右边开粗的加工程序，复制并粘贴出新的加工程序。编辑复制的新程序，"刀具"选择"D8JING"。"切削方向"选择图 2-36 所示位置。设置"偏置"选项中的"曲面偏置"为"0"，即不留余量。因是精加工，"步距数"由"10"改为"0"，即只生成 1 条刀路，如图 2-37 所示。为安全起见，将曲面开始位置缩短 0.2%，即"起始步长%"改为"0.2"（这样底部留有0.016mm 余量，不会加工到底面），如图 2-38 所示。在"非切削移动"对话框中修改"进刀类型"为"圆弧-垂直于刀轴"，设置"半径"为"1mm"，"圆弧角度"为"90"，如图 2-39 所示。设置进给率和速度，设置"主轴速度"为"3000"，"切削"为"400"，如图 2-40 所示。生成的刀具路径如图 2-41 所示。

五、凸轮槽左边精加工

复制并粘贴凸轮槽右边精加工的程序后重新选择驱动面，定义加工范围和切削方向，其他参数与前一程序中的一致即可，程序编写方法和编写凸轮槽右边精加工程序一样，就不再赘述了。完成后生成的刀具路径如图 2-42 所示。

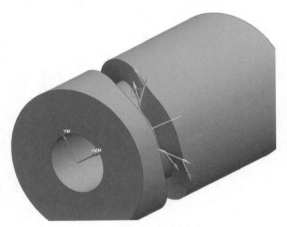

图 2-36 选择切削方向

图 2-37 设置曲面区域驱动方法

曲面百分比方法

第一个起点 %	0.0000
第一个终点 %	100.0000
最后一个起点 %	0.0000
最后一个终点 %	100.0000
起始步长 %	0.2000
结束步长 %	100.0000

确定 返回 取消

图 2-38 调整曲面加工范围

非切削移动

光顺 避让 更多
进刀 退刀 转移/快速

开放区域

进刀类型	圆弧 - 垂直于刀轴
半径	1.0000 mm
圆弧角度	90.0000
斜坡角	0.0000
圆弧前部延伸	0.0000 mm
圆弧后部延伸	0.0000 mm

根据部件/检查

初始

图 2-39 设置非切削移动

进给率和速度

自动设置

设置加工数据	
表面速度 (smm)	75.0000
每齿进给量	0.0666
更多	

主轴速度

☑ 主轴速度 (rpm)	3000.000
更多	

进给率

切削	400.0000 mmpm
快速	
更多	
单位	

☐ 在生成时优化进给率

图 2-40 设置进给率和速度

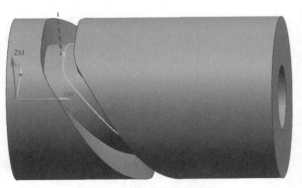

图 2-41 生成的刀具路径

特别说明：圆柱凸轮的加工方法有很多种，"驱动方法"可以选择"曲面"，也可以选择"曲线"。圆柱凸轮的加工原则是：根据槽的尺寸用对应尺寸的刀具来完成加工，这样才能达到零件图中的要求。否则容易出现上宽下窄的现象。

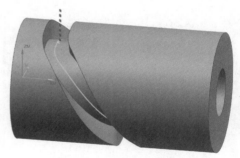

图 2-42 生成的刀具路径

六、程序整理及仿真

1）整理编制好的程序。将编制好的程序进行整理，重点检查刀具号、加工顺序、主轴转速和进给率，整理完成后，程序顺序如图 2-43 所示。

特别说明：四轴加工的模拟时间与实际加工时间区别较大，不能作为参考。

名称	换刀	刀具	刀具号	进给	速度	时间
NC_PROGRAM						00:04:34
📄 未用项						00:00:00
⊟ ⊢📁 PROGRAM						00:04:34
⊢ 🔧⊗ VARIABLE_CONTOUR	▯	D8	1	2000 mmpm	3000 rpm	00:01:40
⊢ 🔧⊗ VARIABLE_CONTOU...		D8	1	2000 mmpm	3000 rpm	00:00:55
⊢ 🔧⊗ VARIABLE_CONTOU...		D8	1	2000 mmpm	3000 rpm	00:00:55
⊢ 🔧⊗ VARIABLE_CONTOU...	▯	D8JING	2	400 mmpm	3000 rpm	00:00:20
⊢ 🔧⊗ VARIABLE_CONTOU...		D8JING	2	400 mmpm	3000 rpm	00:00:20

工序导航器 - 程序顺序

图 2-43 加工程序顺序

2）程序仿真加工。在建模时，利用"拉伸"命令创建一个直径为 50mm、长为 80mm 的圆柱体作为毛坯，将此毛坯添加到工件中，就可以进行仿真加工了。在"刀轨可视化"对话框对所有程序进行仿真加工，选择"3D 动态"选项卡，其中动画速度可自行调节至合适位置，便于观察即可。程序仿真加工结果如图 2-44 所示。

图 2-44 程序仿真加工结果

27

任务一　建　模

一、零件图

从动轴零件图如图 3-1 所示。

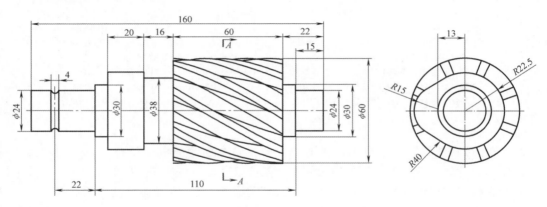

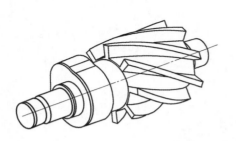

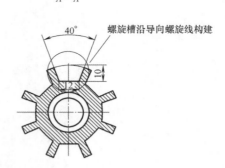

螺旋槽沿导向螺旋线构建

图 3-1　从动轴零件图

二、3D 建模

1. 轴体的建模

从动轴的最终建模结果如图 3-2 所示。具体建模步骤如下。

1）启动 UG NX10.0 软件。

2）单击"文件"→"新建"命令按钮弹出"新建文件"对话框。在"文件名"文本框中输入"从动轴"，"单位"选择"毫米"，单击"确定"按钮，进入绘图界面。

3）单击"插入"→"在任务环境绘制草图"按钮，选择 X-Z 平面。

4）由图 3-1 所示的零件图可知道从动轴总长和每个轴段的径向尺寸和位置尺寸，以此绘制从动轴的上半部轮廓草图曲线，如图 3-3 所示。

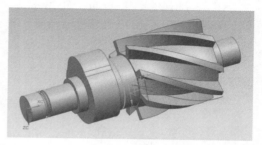

图 3-2 建模结果

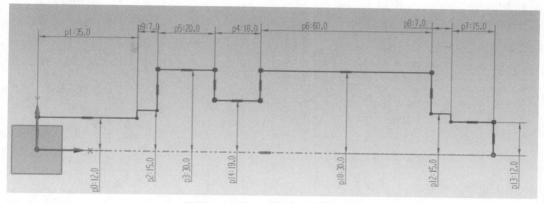

图 3-3 轴体上半部轮廓草图曲线

5）对图 3-3 所示的草图启用"旋转"命令 得到回转体，如图 3-4 所示。

2. 凸轮的建模

由图 3-1 所示的零件图可知，凸轮的草图曲线包含 1 段 $R22.5mm$ 圆弧和 1 段 $R15mm$ 圆弧，两段圆弧的圆心距离为 13mm，分别与 $R40mm$ 的圆弧相切。在 φ60mm 的圆柱左端面绘制凸轮草图，如图 3-5 所示。

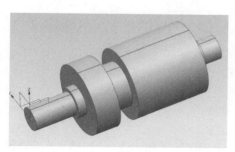

图 3-4 轴体

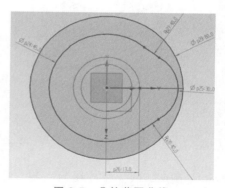

图 3-5 凸轮草图曲线

对图 3-5 所示草图曲线启用"拉伸"命令 ，在"拉伸"对话框中设置"指定矢量"

为"-XC",设置"结束"的"距离"为"20",设置"偏置"为"两侧","开始"为"0","结束"为"10",如图3-6所示,设置"布尔"为"求差",单击"确定"按钮,得到凸轮的模型,如图3-7所示。

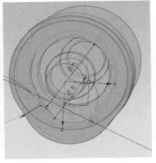

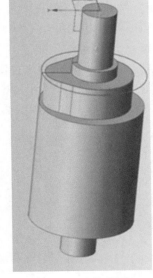

图3-6 拉伸草图

图3-7 凸轮模型

3. 创建螺旋槽

螺旋槽截面图如图3-8所示。注意:截面形状垂直于轴体的轴线,不是垂直于螺旋线。

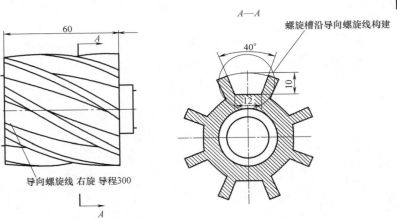

图3-8 螺旋槽截面图

1)绘制螺旋线。螺旋线为右旋,导程为300mm,单击"插入"→"曲线"→"螺旋线"按钮,绘制第一条螺旋线,第1步指定方向,选择凸轮端ϕ60mm圆柱端面为基准面,绘制1条直径为60mm、螺距为300mm的右旋螺旋线,缠绕在ϕ60mm圆柱体上,设置"起始限制"为"-5","终止限制"为"65",其余参数设置如图3-9a)所示;用同样的方法绘制

第 2 条螺旋线，不过螺旋线直径为 40mm ，其他参数相同；设置两条螺旋线的"起始限制"为"-5"，"终止限制"为"65"，是为后面扫掠做准备。绘制完成的螺旋线如图 3-9b 所示。

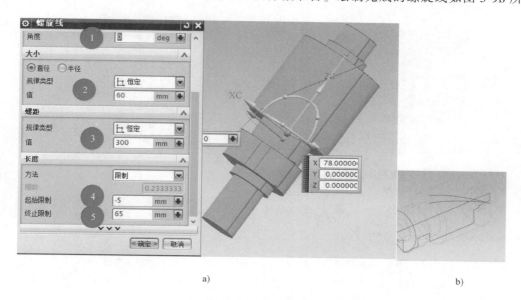

a)

b)

图 3-9　创建螺旋线

2）绘制截面腰形曲线。单击"插入"→"在任务环境中插入草图"按钮，选图 3-10 所示的基准平面，绘制截面腰形曲线，如图 3-11 所示。

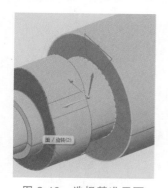

图 3-10　选择基准平面

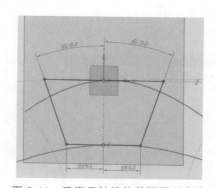

图 3-11　垂直于轴线的截面腰形曲线

3）建立螺旋槽。对图 3-11 中的螺旋槽截面和图 3-9 中的螺旋线进行扫掠，截面选相连曲线；第 1 步选择第 1 条螺旋线，单击"添加新集"按钮，选择第 2 条螺旋线，如图 3-12 所示。

对扫掠出来的实体和目标实体启用"求差"命令，求差后得螺旋槽。对该特征进行阵列，单击"插入"→"关联复制"→"阵列特征"按钮，设置"布局"为"圆形"，"指定矢量"为"XC"，"指定点"选择原点，"间距"选择"数量和节距"，设置"数量"为"8"，"节距角"为"360/8deg"，如图 3-13 所示。阵列结果如图 3-14 所示。

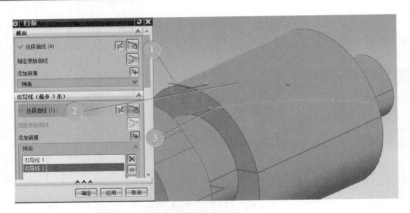

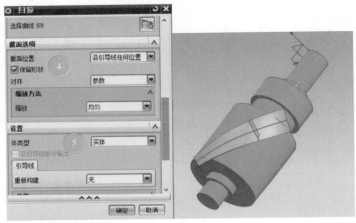

图 3-12　扫掠

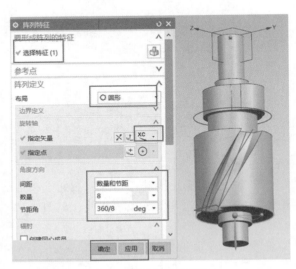

图 3-13　设置阵列特征

图 3-14　阵列结果

4）建立带槽。在距离轴承端面 22mm 处建基准平面，在该平面建立新草图，绘制 ϕ24mm 和 ϕ20mm 的两个同心圆，如图 3-15 所示。

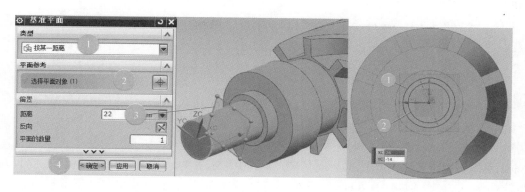

图 3-15 同心圆

对图 3-15 中的草图进行拉伸，设置"限制"中"结束"为"对称值"，因为带槽的宽度为 4mm，所以在"距离"文本框中输入"2"，设置"布尔"为"求差"，如图 3-16a 所示。最后对带槽进行 $R2$mm 倒角如图 3-16b 所示。

a) b)

图 3-16 切槽和倒角

5）最终 3D 模型。完成上述操作后得到最终建模结果，如图 3-17 所示。

图 3-17 从动轴建模结果

任务二 加 工 工 艺

一、工艺分析

从动轴毛坯是经过车削和磨削的精毛坯，如图 3-18 所示。毛坯材料为 6061 铝合金。

第一次装夹：加工凸轮。如使用四轴加工的方式加工凸轮，工件表面粗糙度和加工精度无法得到保证，所以必须先竖起毛坯进行装夹，用三轴铣削的方式加工凸轮，加工刀具用 $\phi16mm$ 整体钨钢铣刀，刀具伸出长度 $\geqslant63mm$ 其中 35mm 为凸轮端 $\phi24mm$ 轴的长度，7mm 为凸轮端 $\phi30mm$ 轴的肩宽，20mm 为凸轮的宽度，1mm 为余量，如图 3-19 所示。

图 3-18 从动轴精毛坯

图 3-19 第一次装夹-三轴铣凸轮

第二次装夹：加工退刀槽和螺旋槽，如图 3-20 所示。为保证加工的刚性、同轴度和精度，决定采取一顶一夹的方式固定工件，右边用自定心卡盘装夹直径为 20mm、长为 35mm 的光轴，为防止夹伤工件表面，先用纸垫好装夹位置，左边用顶尖顶住中心孔，然后用千分表校正同轴度和直线度。使用直径为 10mm 的整体钨钢铣刀（伸出长度 $\geqslant30mm$）铣退刀槽和螺旋槽。

第三次装夹：加工带槽。把工件调头，采用一顶一夹的方式固定工件，使用直径为 4mm 的球头铣刀（伸出长度 $\geqslant25mm$）铣带槽。

图 3-20 一顶一夹铣退刀槽
和螺旋槽

二、程序编制流程及加工工序卡

从动轴的加工工序见表 3-1。

表 3-1 从动轴加工工序卡

工步号	工步名	编程方法	加工部位	刀具号	刀具规格	主轴转速/(r/min)	进给速度/(mm/min)	刀轴	备注
1	第一次装夹（三轴）	平面铣	凸轮	1	D16	3500	600	+ZM	见图 3-21a

（续）

工步号	工步名	编程方法	加工部位	刀具号	刀具规格	主轴转速/(r/min)	进给速度/(mm/min)	刀轴	备注
2	第一次装夹（三轴）	平面铣	凸轮	1	D16	3500	600	+ZM	见图 3-21b
3	第二次装夹（四轴）	可变轮廓铣	退刀槽	2	D10	4500	400	远离直线（轴线）	见图 3-21c
4	第二次装夹（四轴）	可变轮廓铣	螺旋槽	2	D10	4500	400	远离直线（轴线）	见图 3-21d
5	第二次装夹（四轴）	可变轮廓铣	螺旋槽	2	D10	4500	400	远离直线（轴线）	见图 3-21e
6	第三次装夹（四轴）	可变轮廓铣	带槽	3	R2	7000	600	远离直线（轴线）	见图 3-21f

35

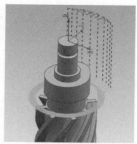

a) 平面铣凸轮粗加工(D16)

b) 平面铣凸轮精加工(D16)

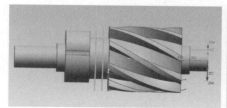

c) 可变轮廓铣退刀槽(D10)

d) 可变轮廓铣螺旋槽粗加工(D10)

e) 可变轮廓铣螺旋槽精加工(D10)

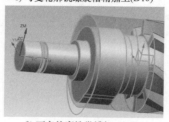

f) 可变轮廓铣带槽加工(R2)

图 3-21 程序编制流程

任务三　加工编程准备

一、几何准备

1. 设置加工坐标系

单击"插入"→"创建几何体"按钮，设置"类型"为"mill_contour"，"几何体几类型"为"MCS"，"几何体"为"WORKPIECE"，单击"确定"按钮。进入"MCS"对话框，选择加工坐标系原点，如图3-22所示。

每次装夹都对应1个加工坐标系，共有3个加工坐标系："三轴凸轮"坐标系、"四轴退刀槽和螺旋槽"坐标系、"四轴皮带槽"坐标系，如图3-23所示。

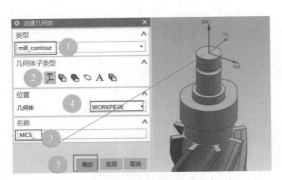

图3-22　设置三轴加工凸轮坐标系

图3-23　3个加工坐标系

2. 设置几何体

单击"插入"→"创建几何体"→"WORKPIECE"→"确定"按钮，进入"工件"对话框，指定所需毛坯和部件几何体。注意：有4个几何体，为防止对毛坯误操作，需将所有毛坯隐藏，如图3-24所示。

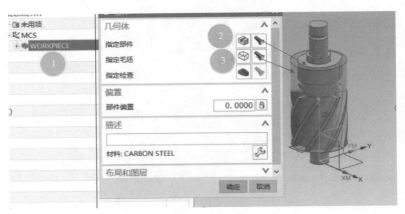

图3-24　选择毛坯和部件几何体

二、创建刀具

创建 "D16" "D10" "R2" 3 把刀具。

三、程序顺序准备

每 1 次装夹需建立 1 个文件夹，共有 3 个文件夹（"三轴凸轮加工" "四轴退刀槽和螺旋槽加工" "四轴皮带槽加工"）。在每个文件夹下建立属于该加工程序的毛坯和部件几何体。在每个文件夹中建立对应的加工程序，如图 3-25 所示。最后按这些文件名输出程序进行加工。

图 3-25 程序编写顺序

任务四 编写加工程序

一、第 1 次装夹—三轴凸轮加工

1. 凸轮粗加工

单击"创建工序"按钮，设置"类型"为"mill_planar"，设置"工序子类型"为"平面铣"，"刀具"为"D16"，如图 3-26 所示。

弹出"平面铣"对话框，设置"轴"为"+ZM 轴"，"切削模式"为"轮廓"，"步距"为"恒定"，"最大距离"为"1.00"，"附加刀路"为"5"，如图 3-27 所示。设置"切削参数"中"余量"选项卡中参数，如图 3-28 所示。设置"非切削移动"中"进刀"选项卡中参数，如图 3-29 所示。

38

图 3-26　创建工序

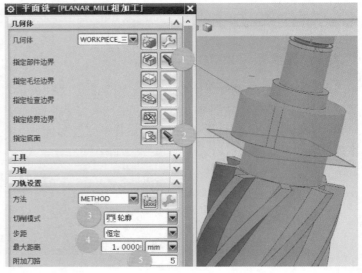

图 3-27　设置刀轴和刀轨

图 3-28　设置切削余量和公差

图 3-29　设置"进刀"选项卡

　　设置进给率和主轴转速，设置"主轴速度"为"3500"，"切削"为"600"，如图 3-30 所示；加工仿真结果如图 3-31 所示。

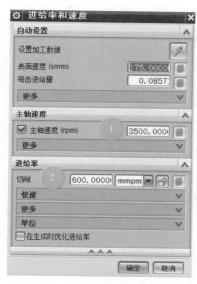

图 3-30 主轴转速和进给率设置

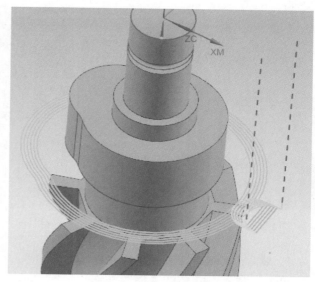

图 3-31 凸轮加工仿真结果

2. 凸轮精加工

对凸轮粗加工程序进行复制和粘贴，设置"平面铣"对话框中参数，如图 3-32 所示；修改"余量"选项卡的参数，如图 3-33 所示。生成精加工程序。

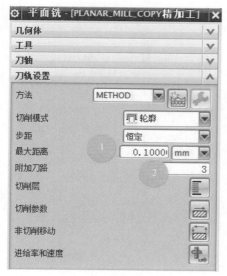

图 3-32 精加工刀轨设置

图 3-33 切削参数设置

二、第 2 次装夹——四轴退刀槽和螺旋槽加工

1. 加工准备

设置加工坐标系，如图 3-34 所示。注意：ZM 轴箭头向上，XM 轴箭头向右。

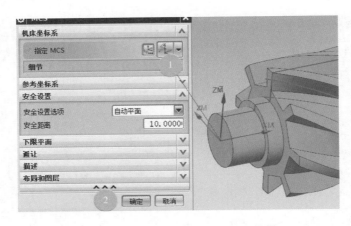

图 3-34 第 2 次四轴加工坐标系设置

2. 编写退刀槽的可变轮廓铣程序

单击"插入"→"创建工序"按钮,设置"类型"为"mill_multi-axis","工序子类型"为"可变轮廓铣","刀具"为"D10",如图 3-35 所示。

在"可变轮廓铣"对话框中设置"驱动方法"为"流线",如图 3-36 所示。单击按钮 ⚙,选择退刀槽轮廓曲线,曲线的方向要一致,选择完第 1 条曲线后,要单击按钮 ✛ 添加第 2 条曲线。设置"刀具位置"为"对中","切削模式"为"往复","步距"为"数量","步距数"为"11",如图 3-37 所示。

图 3-35 创建工序

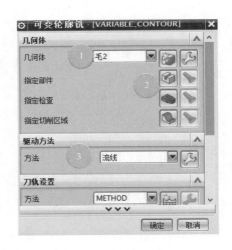

图 3-36 设置驱动方法

将"轴"设置为"远离直线",并选择圆柱轴线为"指定矢量",如图 3-38 所示。
单击"切削参数"按钮,设置"多刀路"和"余量"选项卡中参数,如图 3-39 所示。
单击"非切削移动"按钮,设置"进刀"选项卡中参数,如图 3-40 所示。
设置"主轴速度"为"4500","切削"为"400"。生成的刀具路径如图 3-41 所示。

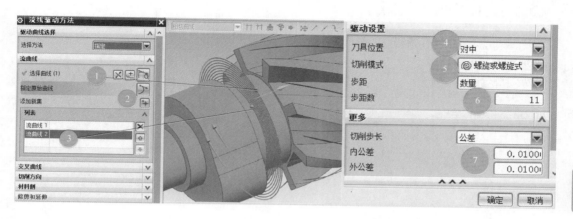

图 3-37 驱动参数设置

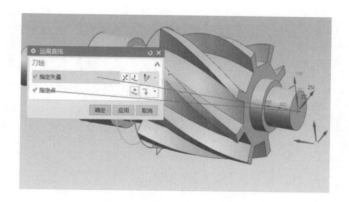

图 3-38 刀轴设置

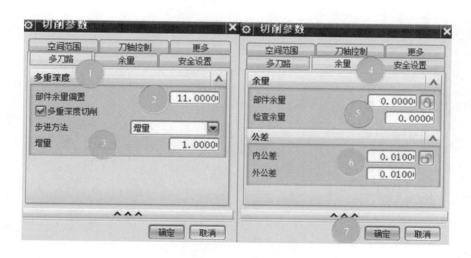

图 3-39 切削参数设置

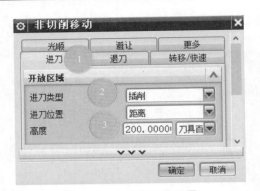

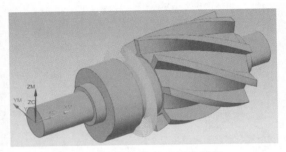

图 3-40　非切削参数设置　　　　　　　图 3-41　退刀槽加工刀具路径

3. 程序的平移

　　在"工序导航器"中选择"退刀槽加工"文件夹中的程序，单击鼠标右键，在右键菜单中单击"对象"→"变换"按钮，设置"XC 增量"为"-6"，在"结果"中勾选"实例"，如图 3-42 所示。

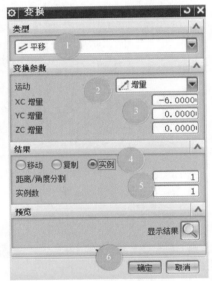

图 3-42　平移加工程序

平移加工程序的加工仿真结果如图 3-43 所示。

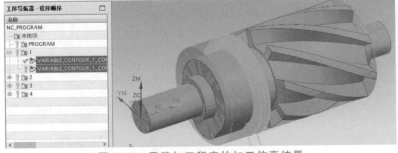

图 3-43　平移加工程序的加工仿真结果

4. 编写螺旋槽的可变轮廓铣程序（开粗）

单击"插入"→"创建工序"按钮，设置"类型"为"mill_multi-axis"，"工序子类型"为"可变轮廓铣"，设置"驱动方法"为"流线"，单击按钮 ，选择两条螺旋曲线，曲线的方向要一致，选择完第1条曲线后，单击按钮 ，选第2条曲线，设置"刀具位置"为"对中"，"切削模式"为"往复"，"步距"为"数量"，"步距数"为"11"，如图3-44所示

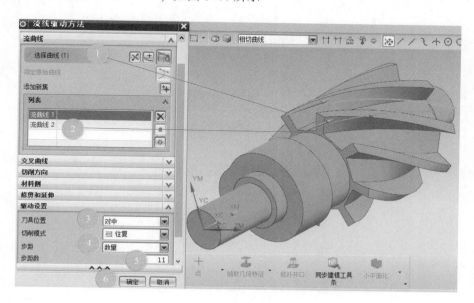

图3-44 驱动方法设置

设置"轴"为"远离直线"，并选择圆柱体轴线为"指定矢量"。"切削参数"对话框的设置如图3-39所示；"非切削移动"对话框的设置如图3-40所示；在"进给率和速度"对话框中设置"主轴速度"为"4500"，"切削"为"400"。单击"生成"按钮，生成的刀具路径如图3-45所示。

5. 对刚生成的程序进行变换

在"工序导航器"中选择"螺旋槽粗加工"文件夹中的程序，单击鼠标右键，在右键菜单中单击"对象"→"变换"按钮，进行图3-46所示的参数设置。

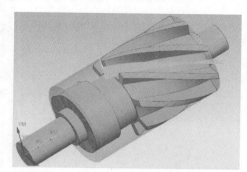

图3-45 螺旋槽加工刀具路径

6. 编写螺旋槽曲面精加工程序

打开"可变轮廓铣"对话框，将"驱动方法"设置为"曲面"，如图3-47所示。

先对螺旋槽右曲面进行精加工，选择右曲面为驱动几何体，设置"切削模式"为"往复"，"步距"为"数量"，"步距数"为"10"，如图3-48所示。

44

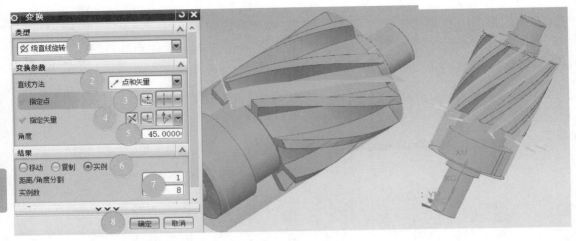

图 3-46　螺旋槽的刀路阵列

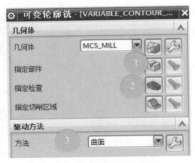

图 3-47　设置驱动方法

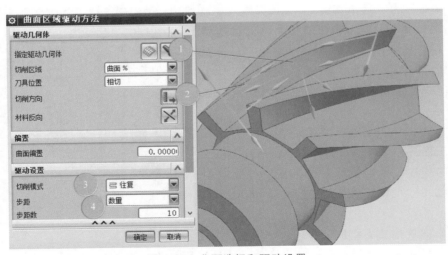

图 3-48　曲面选择和驱动设置

　　螺旋槽右曲面的精加工的"刀轴"和"刀轨设置"中的参数设置不变，最终螺旋槽的右曲面的精加工刀具路径如图 3-49 所示。应用同样的方法可得左曲面精加工刀具路径，如

图 3-50 所示。

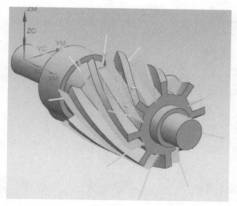 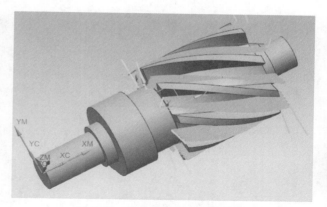

图 3-49　右曲面的精加工刀具路径　　　图 3-50　左曲面精加工刀具路径

三、第 3 次装夹—四轴带槽的加工

1. 准备加工坐标系

建立加工坐标系，如图 3-51 所示。

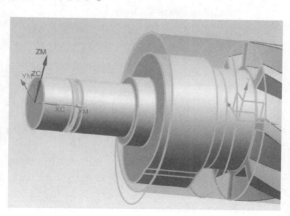

图 3-51　第 3 次装夹的加工坐标系

2. 生成带槽的加工程序

选用"R2"球头铣刀；在"可变轮廓铣"对话框中设置"驱动方法"为"流线"，单击按钮，选择带槽轮廓曲线，曲线的方向要一致，选择完第 1 条曲线后，单击按钮添加第 2 条曲线，设置"刀具位置"为"对中"，"切削模式"为"螺旋或螺旋式"，"步距"为"数量"，"步距数"为"11"，如图 3-52 所示。切削深度为 2mm，共切削 11 刀，故每刀切深约为 0.18mm，所以不需要粗加工，该刀路既是粗加工也是精加工的刀路。

在"可变轮廓铣"对话框中单击"切削参数"按钮，设置对话框中参数，如图 3-53 所示。

将"轴"设置为"远离直线"，选圆柱轴线为"指定矢量"，如图 3-54 所示。

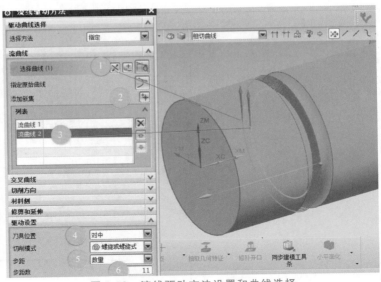

图 3-52　流线驱动方法设置和曲线选择

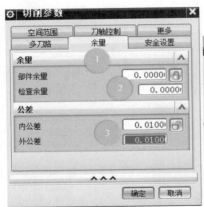

图 3-53　切削参数设置

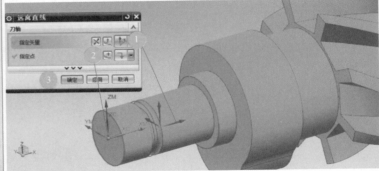

图 3-54　刀轴设置

设置非切削移动参数，如图 3-55 所示。

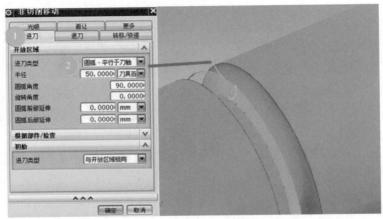

图 3-55　非切削移动参数设置

46

因为"R2"球头铣刀直径太小，为提高切削刃的线速度，应尽量提高主轴转速，该机床最高转速为 8000r/min，所以主轴转速设为 7000r/min，进给速度设为 600mm/min。

带槽和其他部分的加工仿真结果如图 3-56 所示。

图 3-56 加工仿真结果

任务一　建　　模

一、零件图

图 4-1 所示为主动轴的零件图。

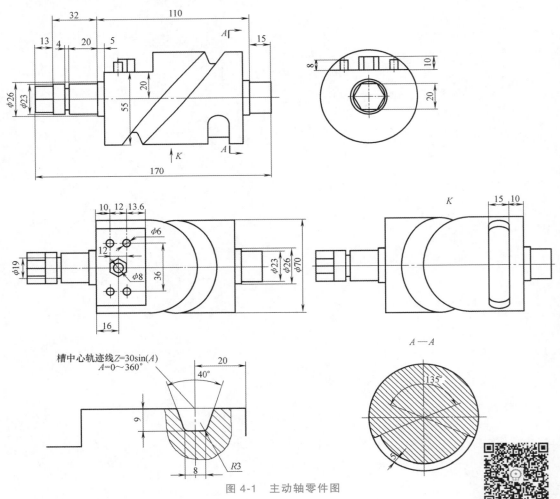

图 4-1　主动轴零件图

二、3D 建模

1. 轴体的建模

主动轴的最终建模结果如图 4-2 所示。具体建模步骤如下。

1）启动 UG NX10.0。

2）单击"文件"→"新建"命令按钮，弹出"新建文件"对话框。在"名称"文本框中输入"主动轴"，"单位"选择"毫米"，单击"确定"按钮，进入绘图界面。

3）单击"拉伸"按钮并选择 Y-Z 基准平面。注意：不能选其他基准平面，否则会影响后续缠绕曲线的移动。

4）依次单击"插入"→"曲线"→"多边形"按钮，以坐标系原点为"指定点"，设置"边数"为"6"，"半径"为"10"，"旋转"为"30"，如图 4-3a 所示。绘制出图 4-3b 所示的正六边形。

图 4-2　建模结果

a)

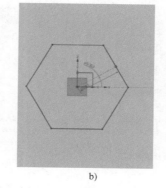

b)

图 4-3　绘制六边形

5）单击"完成草图"按钮，弹出图 4-4 所示对话框。在"结束"的"距离"文本框中输入"13"，单击"确定"按钮完成拉伸。

6）依次单击"插入"→"在任务环境中绘制草图"按钮，选择模型右侧端面为基准平面（图 4-5a），单击"确定"按钮。绘制 φ23mm 的圆。单击"拉伸"按钮，选择刚刚绘制的圆，设置"指定矢量"为"XC轴"，"距离"为"32"，如图 4-5b 所示。

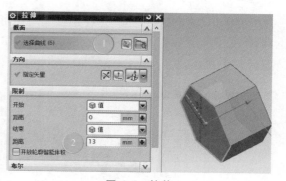

图 4-4　拉伸

单击"插入"→"设计特征"→"凸台"按钮，依次绘制 φ26mm×5mm、φ70mm×100mm、φ26mm×5mm、φ23mm×15mm 的凸台。也可以使用"圆柱体"命令或先建草图再使用"旋转"命令绘制轴体，结果如图 4-6 所示。

2. 左侧平台的建立

1）单击"插入"→"在任务环境中绘制草图"按钮，选择 X-Z 基准平面绘制草图，选

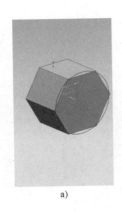
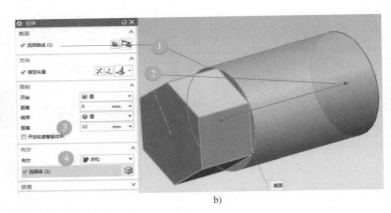

a) b)

图 4-5　绘制圆柱

"矩形"绘图命令，在新建平面上绘制任意大小的矩形，如图 4-7 所示。

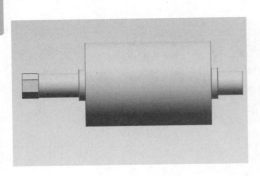
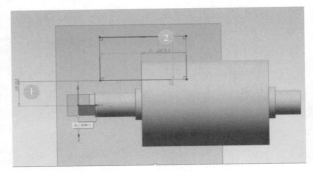

图 4-6　轴体 图 4-7　绘制矩形草图曲线

2）单击"快速尺寸"按钮编辑矩形尺寸，矩形底边到圆柱轴线的距离为 20mm；矩形右侧边线到 φ70mm 圆柱左端面的距离为 35.6mm。

3）单击"拉伸"按钮，选择刚绘制的矩形，将"结束"改为"对称值"，"指定矢量"选择"YC 轴"，设置"距离"为"40"，"布尔"为"求差"，如图 4-8 所示，单击"确定"按钮得到平台。

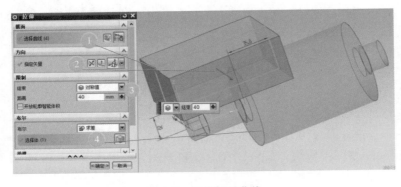

图 4-8　拉伸矩形曲线

3. 在左侧平台上创建孔、圆柱和六菱柱

1）单击"插入"→"在任务环境中绘制草图"按钮，选择图 4-9 所示平面为基准平面，单击"确定"按钮。

2）绘制 1 个 12mm×36mm 的矩形，矩形上下两条边关于平台中心点对称，左侧边线距离 Y 轴为 10mm；以矩形的 4 个角为圆心分别绘制 4 个直径为 6mm 的圆；在矩形中心绘制内切圆半径为 6mm、旋转角为 0°的正六边形；同时，在矩形中心绘制直径为 8mm 的圆；删除辅助线段；单击"完成草图"按钮，如图 4-10 所示。

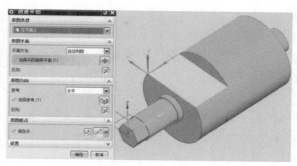

图 4-9 创建基准平面

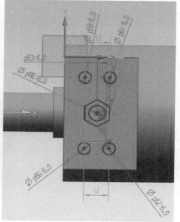

图 4-10 草图绘制

3）对六边形进行拉伸，单击"拉伸"命令按钮，设置"指定矢量"为-ZC，"距离"为"10"，"布尔"为"求和"；拉伸六边形中间直径为 8mm 的圆，设置"距离"为"10"，"布尔"为"求差"；拉伸左侧两个圆，设置"距离"为"8"，"布尔"为"求和"；拉伸右侧两个圆，设置"距离"为"-5"，"布尔"为"求差"。结果如图 4-11 所示。

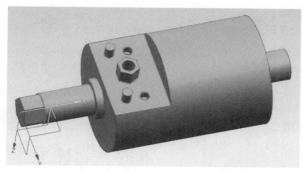

图 4-11 拉伸结果

51

4. 在圆柱上缠绕 sin 曲线槽

1）单击"插入"→"在任务环境中绘制草图"按钮，选择 X-Z 基准平面，单击"确定"按钮。绘制图 4-12 所示图形，即螺旋槽截面草图曲线，两个倒角半径为 3mm，槽宽为 8mm，侧边与中心轴线成 20°角，中心轴线到大圆柱右端面距离为 20mm。

2）单击"插入"→"基准/点"→"基准平面"按钮，在 X-Y 平面上方建立图 4-13 所示的新基准平面，并设置"距离"为"35"，单击"确定"按钮。

3）sin 曲线的绘制。先定义表达式：单击"工具"→"表达式"按钮，新建表达式"t = 0""xt = 70 * pi ( ) * t" 和 "yt = 30 * sin (360 * t + 90)"，如图 4-14 所示。

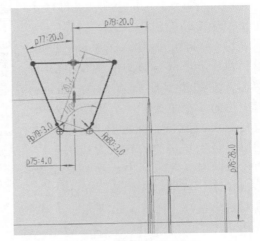

图 4-12　螺旋槽截面草图

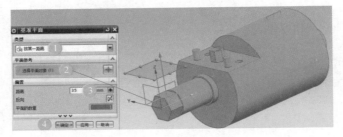

图 4-13　新建基准平面

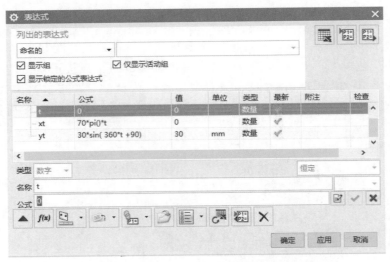

图 4-14　创建表达式

注意："xt"为 sin 曲线在圆柱上缠绕时的展开周长，所以等于"2pi( )R"，"pi( )"是

圆周率 π;"2R"为直径等于"70",得"xt = 70 * pi() * t";"yt"为 sin 曲线缠绕时的移动范围,即振幅,2 倍的振幅为 100(圆柱总长)-20(右轴线到右端面距离)-20(左轴线到左端面距离)= 60,则振幅为 30,"+90"表示从最高点开始画正弦曲线,得"yt = 30 * sin(360 * t+90)",这样可以保证缠绕线的起点为螺旋槽截面上边线的中点,为扫掠进行准备。

画曲线:单击"插入"→"曲线"→"规律曲线"按钮,单击"CSYS"按钮,在新的对话框中设置"类型"为"偏置 CSYS",其余参数设置如图 4-15 所示。通过这种方式,把缠绕曲线移动到指定位置,如图 4-16 所示。注意:"CSYS"对话框中的参数设置很有讲究,需用心体会,否则很容易出错。最后指定曲线起点为螺旋槽截面上边线的中点,这样后面的缠绕和扫掠才好完成。

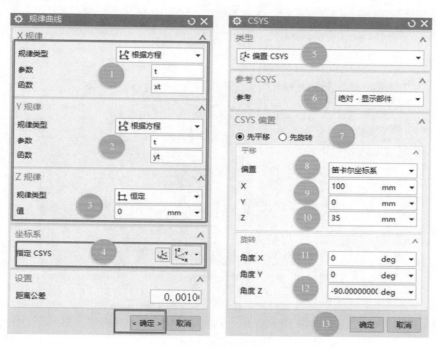

图 4-15 设置规律曲线参数

4)缠绕曲线。单击"插入"→"派生曲线"→"缠绕/展开曲线"按钮,弹出图 4-17 所示对话框,选择刚才绘制的 sin 曲线,"面"选择为最大圆柱体的表面,"刨"选择为基准平面。

5)扫掠。单击"插入"→"扫掠"按钮,"截面"选择步骤 1)中建立的梯形草图曲线;"引导线"选择刚绘制的缠绕曲线;勾选"保留形状",这对后面产生刀路很有用;"定位方向"选择"面的法向",并选圆柱表面,如图 4-18 所示,单击【确定】按钮。

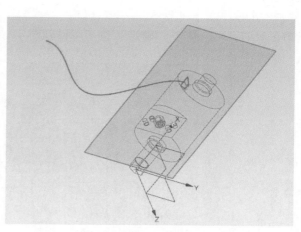

图 4-16 缠绕曲线移动到的位置

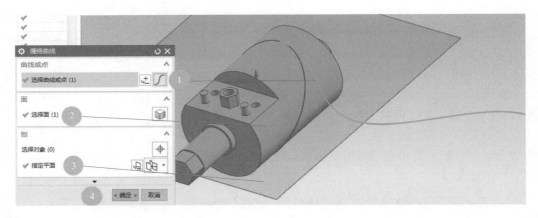

图 4-17　缠绕曲线

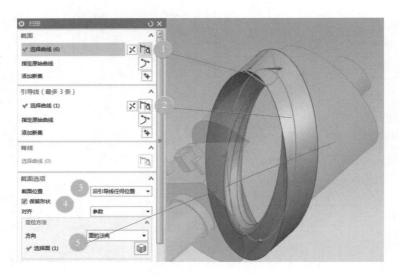

图 4-18　扫掠

6）求差。单击"插入"→"组合体"→"求差"按钮，"目标"选择圆柱体，"工具"选择扫掠后的图形，单击"确定"按钮，得到图 4-19 所示模型。

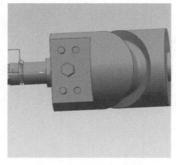

图 4-19　创建螺旋槽

5. 创建圆柱右侧 U 形槽和左侧 R2 带槽

1）新建 X-Z 基准平面，单击"插入"→"在任务环境中绘制草图"按钮，选择新建立的基准平面，绘制图 4-20 所示草图曲线，其中矩形的长和宽分别是 15mm 和 10mm，矩形底边距离圆柱轴线 30mm，矩形右边距离圆柱右端面 10mm，绘制完成后单击"完成草图"按钮。

2）单击"旋转"按钮，曲线选择在上一步骤中绘制的矩形草图，设置"指定矢量"为"XC 轴"，"指定点"为"圆弧中心"并选择大圆柱体端面圆曲线，设置"开始"的"角度"为"−67.5"，"结束"的"角度"为"67.5"，"布尔"为"求差"，如图 4-21a 所示。单击"边倒圆"按钮，设置"半径 1"为"7.5"，选择矩形 4 条边，单击"确定"按钮，得到图 4-21b 所示模型。

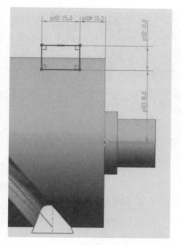

图 4-20　绘制矩形草图曲线

 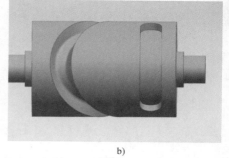

a)　　　　　　　　　　b)

图 4-21　进行旋转和边倒圆后的模型

3）绘制左侧弧形槽。单击"插入"→"在任务环境中绘制草图"按钮，选择 X-Z 平面，绘制图 4-22 所示草图。

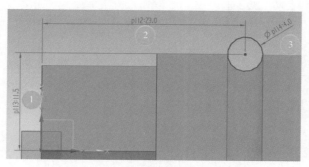

图 4-22　绘制弧形槽草图曲线

4）单击"旋转"按钮，选择刚绘制的圆形草图曲线，设置"指定矢量"为"XC 轴"，"指定点"为"圆弧中心"，并选择大圆柱体端面圆曲线，设置"开始"的"角度"为"0"，"结束"的"角度"为"360"，"布尔"为"求差"，单击"确定"按钮，得到立体模型。

55

任务二　加工工艺

一、工艺分析

主动轴毛坯是经过车削和磨削的精毛坯，其外圆已加工好，如图4-23所示；为保证工件同轴度和加工精度，决定对毛坯采取一顶一夹的装夹方式，如图4-24所示，为防止夹伤毛坯，用纸片垫住装夹位置，用千分表测量直线度和同轴度，误差控制在0.01mm范围内。

图4-23　主动轴精毛坯

图4-24　一顶一夹装夹方式

二、程序编写流程及加工工序卡

主动轴零件的加工工序卡见表4-1。

表4-1　主动轴零件加工工序卡

工步号	工步名	编程方法	加工部位	刀具号	刀具规格	主轴转速/(r/min)	进给速度(mm/min)	刀轴	备注
1	粗加工	型腔铣	平台	1	D8	3500	800	+ZM	见图4-25a
2	精加工	面铣	平台	1	D8	3500	800	+ZM	见图4-25b
3	粗加工	可变轮廓铣	U形槽	1	D8	3500	800	远离直线（X轴）	见图4-25c
4	精加工	可变轮廓铣	U形槽	1	D8	3000	400	远离直线（X轴）	见图4-25d
5	粗加工	可变轮廓铣	螺旋槽	4	R3	6000	800	远离直线（X轴）	见图4-25e
6	精加工	可变轮廓铣	螺旋槽	4	R3	6000	800	远离直线（X轴）	见图4-25f
7	粗精加工	可变轮廓铣	带槽	5	R2	7000	600	远离直线（X轴）	见图4-25g
8	粗精加工	面铣	六棱柱	2	D6	4500	600	+ZM	见图4-25h
9	精加工	面铣	3个顶面	2	D6	4500	600	+ZM	见图4-25i
10	精加工	孔铣	3个孔	3	D4	3000	300	+ZM	见图4-25j

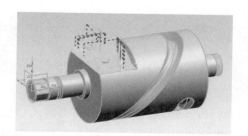

a) 型腔铣平台

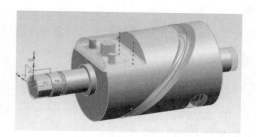

b) 面铣平台

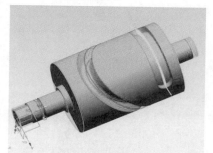

c) U形槽粗加工

d) U形槽精加工

e) 粗铣螺旋槽

f) 精铣螺旋槽

g) 铣带槽

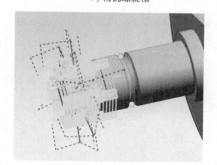

h) 面铣六棱柱

i) 铣3个顶面

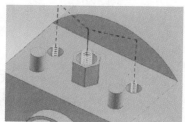

j) 铣3个孔

图 4-25　程序编写流程

任务三　加工编程准备

一、几何准备

1）建立毛坯，单击"格式"→"图层设置"按钮，在"工作层"分本框中输入"11"。在该图层建立毛坯，沿 X 轴正方向创建 $\phi23mm\times45mm$ 圆柱体和 4 个凸台，尺寸分别为 $\phi26mm\times5mm$、$\phi70mm\times100mm$、$\phi26mm\times5mm$、$\phi23mm\times15mm$，共 5 个圆柱体，如图 4-26 所示。

2）建立加工坐标系、毛坯和部件几何体。在"工序导航器"中双击"MCS_MILL"，单击"指定 MCS"按钮创建图 4-27 所示加工坐标系；建立毛坯几何体"毛坯"和部件几何体"工件几何"，如图 4-28 所示。

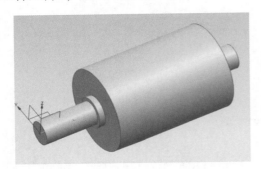

图 4-26　毛坯模型

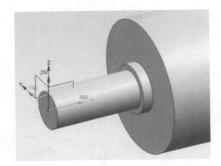

图 4-27　加工坐标系

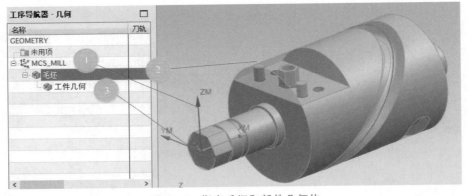

图 4-28　指定毛坯和部件几何体

二、创建刀具

单击"创建刀具"按钮，如图 4-29 所示，创建"直径"分别为 8mm、6mm 和 4mm 的 3 把平铣刀，分别命名为"D8""D6""D4"；如图 4-30 所示，创建"直径"为"6"，"下半径"为"3"的球头铣刀，命名为"R3"，用同样方法创建"R2"球头铣刀；共创建 5 把刀具，如图 4-31 所示。

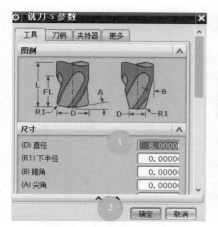

图 4-29 创建刀具 "D8"

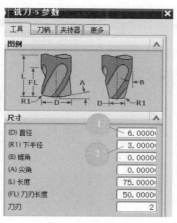

图 4-30 创建刀具 "R3"

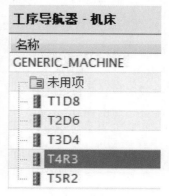

图 4-31 5 把刀具

三、程序顺序准备

先建立程序顺序，创建如图 4-32 所示文件夹。再编写对应的加工程序，如图 4-33 所示。最后按文件夹顺序输出加工程序。每个文件夹下刀具相同，如图 4-34 所示。

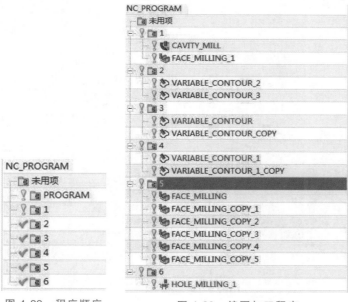

图 4-32 程序顺序　　　　图 4-33 编写加工程序

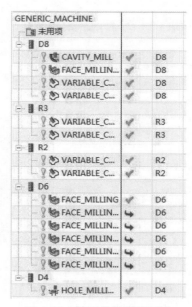

图 4-34 按刀具排程序顺序

任务四　编写加工程序

一、编写平台的型腔铣程序

1) 单击"创建工序"按钮，设置"类型"为"mill_contour"，"工序子类型"为"型腔铣",设置"程序"为"1","刀具"为"D8","几何体"为"工件几何",如图 4-35 所示。单击"确定"按钮,弹出"型腔铣"对话框。

2)在"型腔铣"对话框中单击"指定切削区域"中的按钮,框选要型腔铣的平台面(图 4-36),单击"确定"按钮;设置"轴"为"+ZM 轴",在"刀轨设置"中设置"方法"为"MILL_ROUGH","切削模式"为"跟随周边"(设为"跟随周边"可以减少抬刀次数,提高加工效率)"步距"为"% 刀具平直","平面直径百分比"为"51","公共每刀切削深度"为"恒定","最大距离"为"0.8",如图 4-37 所示。说明:因为加工材料、刀具和机床的不同,加工工艺差距会很大,该零件材料是 2A12 硬铝,"D8"是普通硬质合金刀,在此设置的加工参数较保守,供参考。

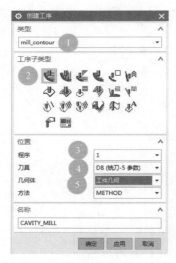

图 4-35　创建型腔铣操作　　　　图 4-36　选切削区域　　　　图 4-37　型腔铣参数

3)单击"切削参数"按钮,选择"余量"选项卡,设置"部件侧面余量"为"0.5",如图 4-38 所示;单击"进给率和速度"按钮,设置"主轴速度"为"3500","切削"为"800",如图 4-39 所示。

单击"非切削移动"按钮,选择"进刀"选项卡,为防止断刀,设置"进刀类型"为"螺旋","斜坡角"为"1"(小于 3°),"高度"为"1"(超过每刀切削深度 0.8mm),如图 4-40 所示;单击"生成"按钮,生成型腔铣刀具路径,如图 4-41 所示。

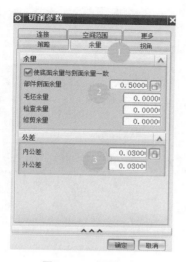

图 4-38　余量设置

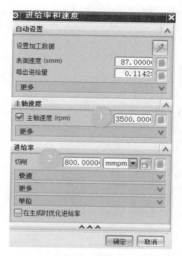

图 4-39　设置主轴速度和进给率

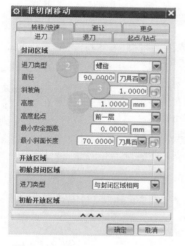

图 4-40　"进刀"选项卡设置

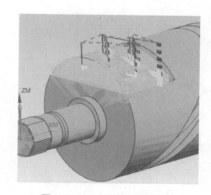

图 4-41　型腔铣刀具路径

二、编写平台的精加工程序

1）单击"创建工序"按钮，设置"类型"为"mill_planar"，其余参数设置如图 4-42 所示，单击"确定"按钮。

2）单击"指定面边界"中"选择或编辑面几何体"按钮，框选和型腔铣相同的平面；设置"刀具"为"D8"，"轴"为"+ZM 轴"，其余参数设置如图 4-43 所示。

3）在"切削参数"对话框中选择"余量"选项卡，底面精加工时设置"壁余量"为"0.2"，"最终底面余量"为"0"，如图 4-44 所示；侧面精加工的参数设置与底面精加工基本相同，但要设置"切削模式"为"轮廓"，"步距"为"恒定"，"最大距离"为"2"，"切削参数"中"余量"选项卡中的参数都为"0"，如图 4-45 所示；设置"主轴转度"为"3500""切削"为"800"；分别生成底面和侧面精加工刀具路径，如图 4-46 所示。

62

图 4-42　创建工序

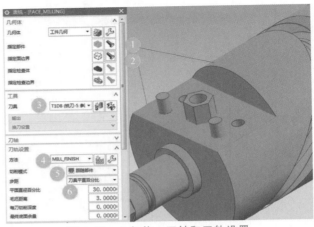

图 4-43　几何体、刀轴和刀轨设置

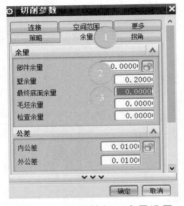

图 4-44　底面精加工余量设置

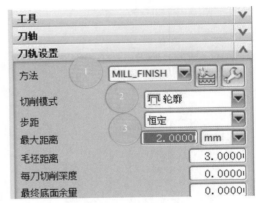

图 4-45　侧面精加工刀轨设置

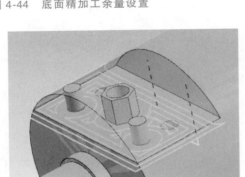

a) 底面精加工刀具路径

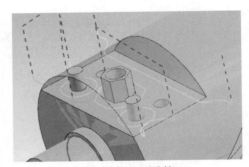

b) 侧面精加工刀具路径

图 4-46　平台底面和侧面精加工刀具路径

三、编写 U 形槽粗加工程序（可变轮廓铣）

1）建立辅助线：对 U 形槽编程之前首先要建立两条圆弧曲线。单击"建模"→"基准平面"按钮，在槽的中心建立基准平面，绘制图 4-47 所示的两条圆弧曲线。注意：在 35°处对圆弧曲线进行修剪，保证其在 U 形槽内。

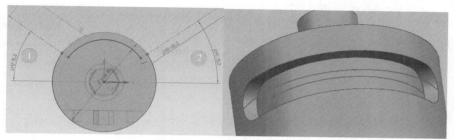

图 4-47　绘制辅助圆弧曲线

2）单击"创建工序"按钮，设置"类型"为"mill_mulit-axis"，"工序子类型"为"可变轮廓铣"，其余参数设置如图 4-48 所示。

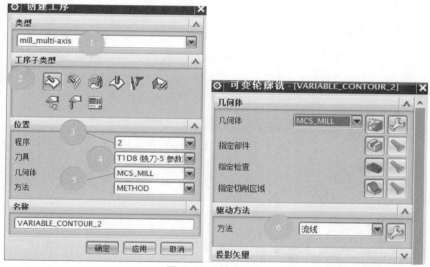

图 4-48　创建工序

3）设置"驱动方法"为"流线"，单击"编辑"按钮 🔧；"流曲线"选择图 4-49 所示

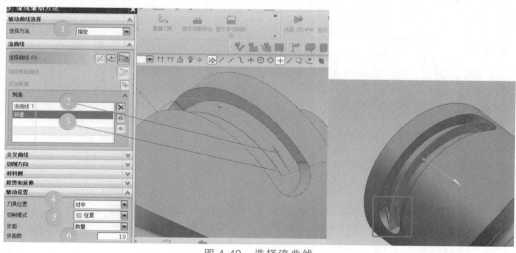

图 4-49　选择流曲线

曲线，然后单击"添加新集"按钮 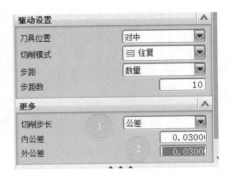，选择第 2 条流曲线。注意：应使两条流曲线的方向相同。

4）单击"驱动设置"按钮，进行图 4-50 所示参数设置。

5）设置"刀具"为"D8"，"刀轴"为"远离直线"，"指定点"选择轴体端面中心，"指定矢量"选"XC 轴"，如图 4-51 所示。

6）在"刀轨设置"中单击"切削参数"按钮，将"余量"选项卡中参数设置为"0"；设置"非切削移动"中"进刀类型"为"插削"，如图 4-52 所示；设置"主轴速度"为"3500"，"切削"为"800"；单击"生成"按钮，U 形槽粗加工刀具路径如图 4-53 所示。

图 4-50 驱动设置

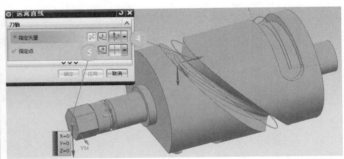

图 4-51 设置刀轴

图 4-52 非切削移动参数设置

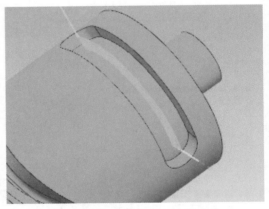

图 4-53 U 形槽粗加工刀具路径

三、编写 U 形槽精加工程序（可变轮廓铣）

1）选择刚生成的粗加工程序，在右键菜单中选择"复制""粘贴"命令。

2）"驱动方法"选择"曲面"，单击"编辑"按钮 ，单击"指定驱动几何体"中按钮 ，选择 U 形槽的四个面，不选底面，如图 4-54 所示。注意：切削方向的选择要与

图 4-54 所示一样。单击"确定"按钮。

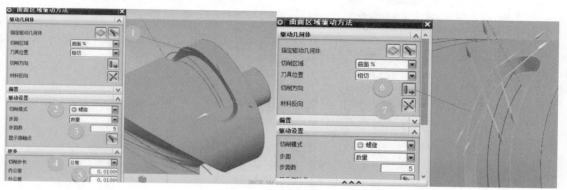

图 4-54 曲面区域驱动方法设置

3）设置"切削模式"为"螺旋"，"步距"为"数量"，"步距数"为"5"，设置"内公差"和"外公差"均为"0.01"；设置"主轴速度"为"3000""切削"为"400"；单击"生成"按钮，生成 U 形槽精加工刀具路径，如图 4-55 所示。

四、编写螺旋槽粗加工程序（可变轮廓铣）

1）建立辅助线：先要建立缠绕线在槽底的投影线。进入建模环境，单击"插入"→"派生曲线"→"投影"按

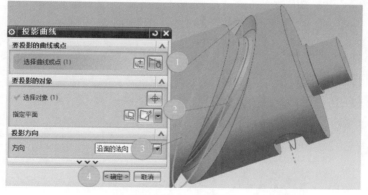

图 4-55 U 形槽精加工刀具路径

钮，"选择曲线或点"选择缠绕曲线，"选择对象"选螺旋槽的底面，"方向"选"沿面的法向"，"指定矢量"选"XC 轴"，完成投影线的绘制，如图 4-56 所示。

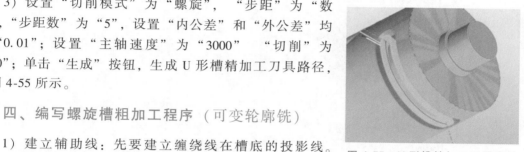

图 4-56 绘制投影线

2）回到加工环境，单击"创建工序"按钮，设置"类型"为"mill_mulit-axis""工序子类型"为"可变轮廓铣"，其余参数设置如图 4-57 所示。

3）"驱动方法"选择"流线"，单击"编辑"按钮。"流曲线"选择图 4-58 所示曲线，然后单击"添加新集"按钮 ，选择第 2 条流曲线。注意：应使两条流曲线的方向相同。"驱动设置"中的参数设置如图 4-58 所示。完成设置后单击"确定"按钮。

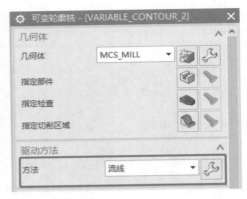

图 4-57　创建工序

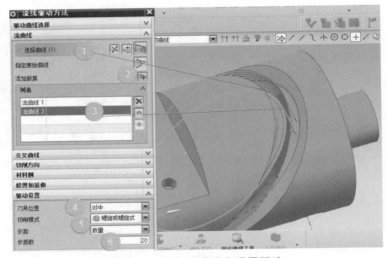

图 4-58　选择流曲线和设置驱动

4）"刀具"选"R3"球头铣刀，"刀轴"选"远离直线"，"指定矢量"选择"XC轴"，"指定点"选轴体端面中心。

5）将"切削参数"中的"余量"选项卡中的参数均设为"0"；单击"非切削移动"按钮，"进刀类型"选择"插削"；设置"主轴速度"为"6000"，"切削"为"800"。

6）单击"生成"按钮，生成螺旋槽粗加工刀具路径，如图 4-59 所示。

图 4-59　螺旋槽粗加工刀具路径

五、编写螺旋槽精加工程序（可变轮廓铣）

1）复制螺旋槽的粗加工程序，粘贴到文件夹"3"中，共有 3 个精加工程序，分别对螺旋槽的左、右侧面和底面进行精加工，"驱动方法"选择"曲面"，进入"曲面区域驱动方法"对话框，"指定驱动几何体"选择螺旋槽的左侧曲面，其他参数设置如图 4-60 所示。注意："切削方向"的设置如图 4-60 所示，应从上向下，同时进行逆铣，这样加工获得的表面粗糙度较好。

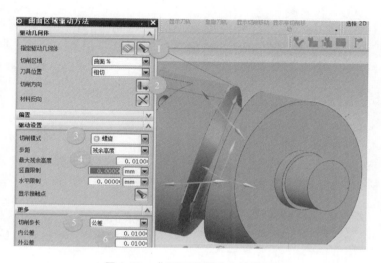

图 4-60　曲面区域驱动方法设置

2）"刀具"选"R3"球头铣刀；"刀轴"选择"远离直线"，选"XC 轴"为"指定矢量"；在"刀轨设置"中单击"切削参数"按钮，设置"余量"选项卡中参数均为"0"；在"非切削移动"中设置"进刀类型"为"插铣"；设置"主轴速度"为"6000""切削"为"800"。单击"生成"按钮，生成螺旋槽左曲面刀具路径，如图 4-61 所示。

3）用与步骤 1）、2）中同样的方法生成右侧曲面和底面的加工程序。

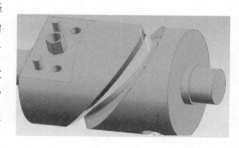

图 4-61　螺旋槽左曲面刀具路径

六、编写带槽的加工程序（可变轮廓铣）

1）建立 φ19mm 和 φ23mm 的圆形草图曲线，在槽的中心建立基准平面，如图 4-62 所示。

2）回到加工环境，单击"创建工序"按钮，设置"类型"为"mill_mulit-axis"，"工序子类型"为"可变轮廓铣"，如图 4-63 所示，单击"确定"按钮。

3）"驱动方法"选"流线"，先选 φ23mm 的圆为"流曲线"，再单击"添加新集"按

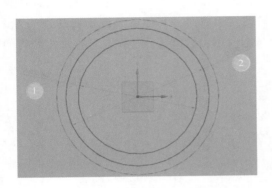

图 4-62　绘制圆形草图曲线

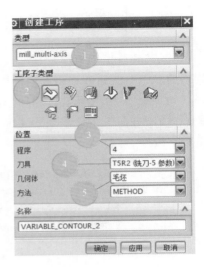

图 4-63　创建工序

钮，选 φ19mm 的圆。注意：应使两条流曲线的方向一致；驱动参数的设置如图 4-64 所示；"刀具"选"R2"球头铣刀；"刀轴"选"远离直线"，选择"XC 轴"为"指定矢量"。

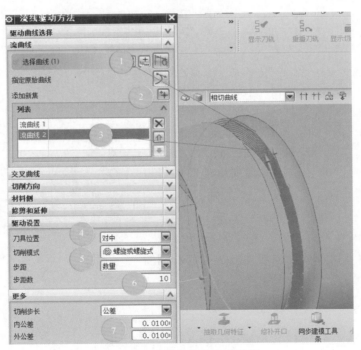

图 4-64　流线选择和驱动设置

4）在"切削参数"对话框中设置"余量"选项卡中参数均为"0"；在"非切削移动"对话框中设置"进刀类型"为"圆弧—平行于刀轴"（图 4-65）；设置"主轴速度"为"7000"，"切削"为"600"（遵循小刀快转速原则）；单击"生成"按钮生成刀具路径。

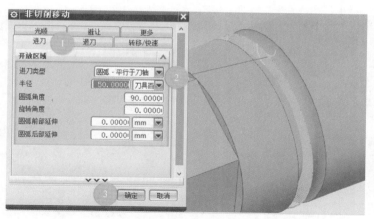

图 4-65　设置非切削移动

七、编写六角棱台的精加工程序（面铣）

1）单击"创建工序"按钮，设置"类型"为"mill_planar"，"工序子类型"为"面铣" ，"刀具"选"D6"平刀，如图 4-66 所示。

2）单击"指定面边界"中按钮 ⊗，选图 4-67 所示平面为"边界"；设置"切削模式"为"跟随周边"；设置"步距"为"刀具平直百分比""平面直径百分比"为"30"；设置"毛坯距离"为"1.5"（圆柱与平面最大的高度差）；设置"每刀切削深度"为"0.3"；如图 4-67 所示。

3）在"切削参数"对话框中选择"策略"选项卡，并设置"刀路方向"为"向内"，其余参数设置如图 4-68 所示；设置"主轴速度"为"4500""切削"为"600"；单击"生成"按钮生成刀路，如图 4-69 所示。

图 4-66　创建工序

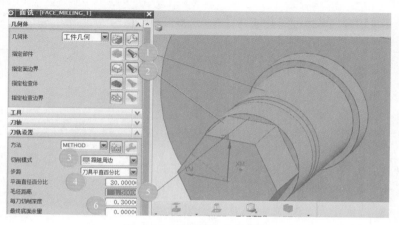

图 4-67　几何体和刀轨设置

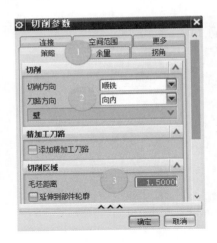

图 4-68　切削参数设置

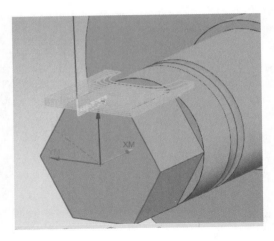

图 4-69　生成刀路

4）通过刀路变换生成其他 5 个面的加工程序：用鼠标右键单击刚完成的程序，在右键菜单中单击"对象"→"变换"按钮。设置"类型"为"绕直线旋转"，"直线方法"为"点和矢量"，"指定点"为坐标原点，"指定矢量"为"XC 轴"，"角度"为"60"，"结果"为"实例"（注意：勾选"实例"时，当主程序改变，其他程序会一起改变，选"复制"不会有此现象），"实例数"为"5"，如图 4-70 所示。

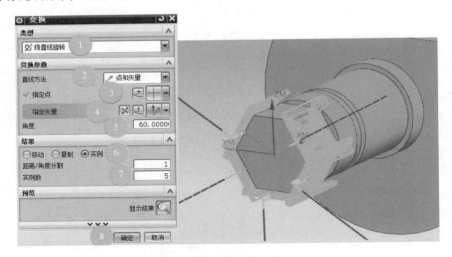

图 4-70　刀路变换

八、编写 3 个凸台顶面的精加工程序（面铣）

1）复制前面生成的六角棱台的主程序，粘贴到文件夹"5"其他程序的下面，如图 4-71 所示。

2）重新选择铣削平面，如图 4-72 所示，单击"生成"按钮得到加工路径，如图 4-73 所示。

图 4-71　复制刀路

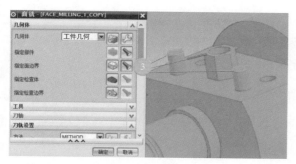

图 4-72　重选铣削平面

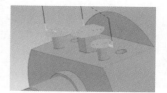

图 4-73　铣削凸台顶面刀路

九、铣孔

1）单击"创建工序"按钮，设置"类型"为"mill_planar"，"工序子类型"为"孔铣" ，其余参数设置如图 4-74 所示，单击"确定"按钮。

2）单击"选择或编辑特征几何体"按钮，选择要加工的三个孔为"选择对象"，如图 4-75 所示。

图 4-74　创建铣孔程序

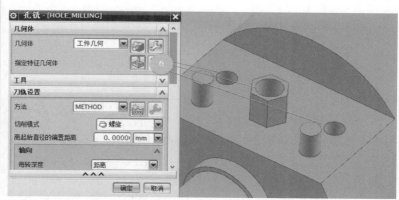

图 4-75　选 3 个孔为"指定特征几何体"

3）设置"主轴速度"为"3000""切削"为"300"；生成刀路如图 4-76 所示。

十、整理和仿真加工

1）程序整理归类：单击"程序顺序视图"按钮，将程序按加工顺序排序，方便加工后处理和输出程序，如图 4-77 所示。

2）程序模拟仿真加工：在"工序导航器"中用鼠标右键单击"NC_PROGRAM"，在右键菜单中单击"刀轨"→"确认"按钮。进入"刀轨可视化"对话

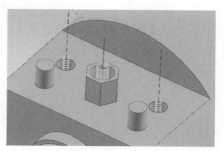

图 4-76　铣孔刀路

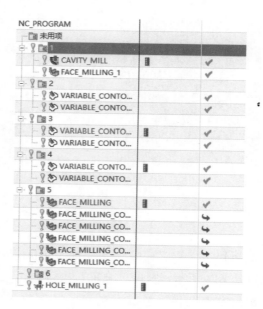

图 4-77　加工顺序

框，选择"2D 动态"选项卡。将"动画速度"调至"10"，接着单击按钮 ▶ ，开始播放刀轨仿真，如图 4-78 所示。

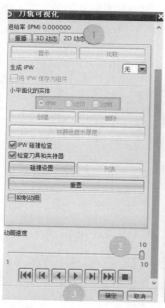

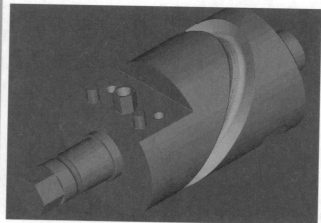

图 4-78　程序仿真加工

任务一　五轴数控加工方式的分类

一、五轴定轴（向）加工

如图 5-1 所示，定轴加工是指五轴数控机床的部分进给轴（主要是旋转轴）在加工过程中，只是开始时使刀具轴的空间姿态或工件的空间位置方向发生改变，然后就固定不动，这时其他的直线轴开始进给运动，保证切削。定轴加工可以实现多工序集中，一次装夹可加工 5 个面，大大减少了装夹次数，提高了加工效率，同时也避免了多次装夹的定位误差对加工精度的影响。

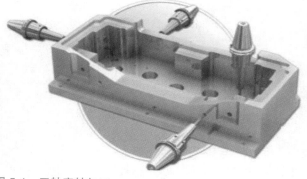

图 5-1　五轴定轴加工

近几年定轴加工方式在实际生产（如模具生产）中的应用越来越广泛，如图 5-2 所示。

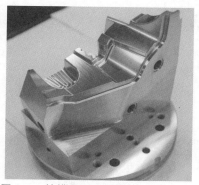

图 5-2　某模具型芯零件（定轴加工）

二、五轴联动加工

五轴联动加工又称为五轴同步加工,如图 5-3 所示,进给轴根据程序的指令同时实现五轴插补运动。通过 5 个坐标轴的联动,保证刀具刃部能在最理想的位置进行切削,避免刀具静点切削对零件尺寸和表面质量产生的影响,能有效提高加工精度和加工效率。

图 5-3 五轴联动加工

三、五轴定轴加工与五轴联动加工的特点

五轴定轴加工与五轴联动加工的特点见表 5-1。

表 5-1 五轴定轴加工与五轴联动加工的特点

项目	五轴定轴加工(3+2 或 4+1)	五轴联动加工
优点	1)编程成本较低 2)因为只有直线轴(X、Y、Z)运动,没有旋转轴运动,所以无动态限制 3)加工刚性较好,因此提高了刀具使用寿命和工件的表面质量	1)可加工深型腔的侧壁和底面 2)可采用较短的刀具 3)工件表面质量均匀,无接刀痕 4)减少了特种刀具的使用,能降低成本
缺点	1)因工件尺寸的限制,刀具无法切削到较深处的型腔侧壁和底面 2)采用较长的刀具铣削深型腔轮廓,加工质量和效率会受影响 3)进刀位置较多,增加了加工时间,并且产生了明显的接刀痕	1)编程成本较高,因为要进行加工仿真,防止撞刀 2)因为联动时要进行补偿运动,所以加工时间常被延长 3)由于有更多的轴进行联动,运动误差会增加

四、五轴数控加工的优点

1. 改善切削状态和切削条件

如图 5-4a 所示,当球头铣刀向工件顶端或工件边缘移动时,切削状态逐渐变差,接触点切削速度为零,为保持最佳的切削状态,就需要提高接触点的线速度;如图 5-4b 所示,

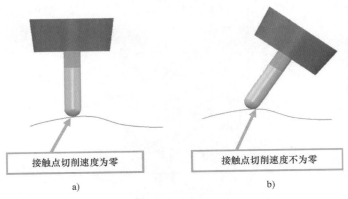

接触点切削速度为零

a)

接触点切削速度不为零

b)

图 5-4 刀具切削位置

五轴数控机床通过偏转刀轴可以避免球头铣刀中心点切削速度为零的情况，可获得更好的表面质量。

2. 提升效率与消除干涉

如图5-5所示，针对模具陡峭侧壁加工，五轴数控机床通过控制刀轴，可以实现用短刀具加工深型腔，能够提升系统刚性，减少刀具数量，避免使用专用刀具，降低生产成本；对于一些倾斜面，三轴数控加工必须靠刀具的分层切削和后续打磨来完成加工，而五轴加工能够利用刀具侧刃以周铣方式完成零件侧壁切削，大大提高了加工效率和表面质量。如图5-6所示，用平刀底刃加工斜面，提高了加工效率和精度。

五轴在陡峭侧壁加工避免刀具干涉

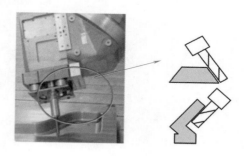
五轴在斜侧壁特征零件加工中的应用

图5-5　陡峭壁和刀具侧刃加工

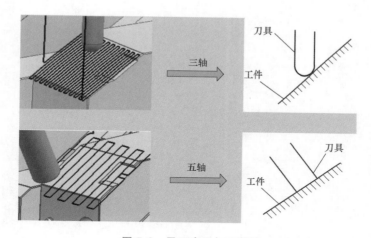

图5-6　平刀底刃加工斜面

任务二　五轴数控机床的基本操作

本书案例中使用瑞士GF公司的Mikron HSM400u五轴数控机床，其配海德汉ITNC530数控系统，主轴最高转速为30000r/min，刀柄为HSK40E系列，采用气动3R夹具锁紧工件，工作台最大承重为25kg，方便连接生产线，可实现自动化加工；旋转轴为B轴（−105°～180°）和C轴（−180°～180°）。其数控系统操作面板及显示器按键如图5-7所示。

图 5-7　操作面板及显示器按键

一、五轴机床的操作面板

1. 操作面板组成

操作面板如图 5-8 所示，各部分的功能介绍如下：

图 5-8　海德汉 iTNC530 系统操作面板

① 用于输入文本和文件名以及 ISO 格式编程。

② 调节主轴转速（0~150%）。

③ 调节进给速度（0~150%）。

④ 紧急停止。

⑤ 调用程序管理 PGM MGT、计算器 CALC、功能 MOD、帮助 HELP 和错误提示 ERR 命令。

⑥ 选择机床操作模式（手动、手轮），设置 MDI 模式，选择程序运行模式。

⑦ 执行和暂停程序。

⑧ 开关防护门锁。

⑨ 辅助手动编程。

⑩ 调用常用固定循环，例如：从刀库调用探测头和刀具、激光测量刀具、子程序定义等。

⑪ 进行机械操作，例如：喷切削液、喷雾、停转主轴、夹紧和放松 3R 夹具、快速进给等。

⑫ 操控 X、Y、Z 和 B（Ⅳ）、C（Ⅴ）轴的移动方向。

⑬ 输入数字和选择轴，[CE] 键相当于复位键。

⑭ 进行翻页、选择方向和跳转操作。

⑮ 充当鼠标。

其中②、③、⑤、⑥、⑨、⑩部分如图 5-9 所示。

图 5-9 常用功能键面板

2. 系统操作界面

海德汉 iTNC530 系统操作界面如图 5-10 所示。

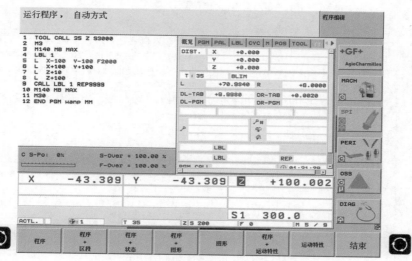

图 5-10 海德汉 iTNC530 系统操作界面

图 5-10 所示为自动方式运行程序，该界面下边对应的软键可实现定义的功能，左右两边的软键 ⭘ 能实现主副界面切换，图 5-11 所示为手动操作界面。

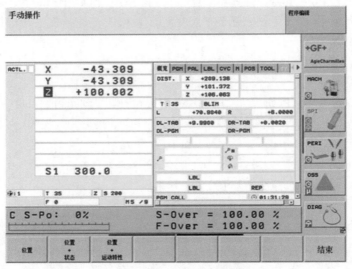

图 5-11 手动操作界面

3. 操作模式

iTNC530 数控系统常用操作模式对应的按键见表 5-2。

表 5-2 iTNC530 数控系统常用操作模式及其对应的按键

按键	操作模式	功　能
✋	手动操作	移动机床；显示轴坐标值；设置工件原点
🎛	电子手轮	移动机床；设置工件原点
⬛	手动数据输入（MDI）	将常用的单段程序保存以便随时调用。例如：调用红宝石探测头（TOOL CALL 36 Z S50）；取消刀尖跟随功能（M128）和圆弧最短距离功能（M126）；启动激光对刀具长度和半径的对刀功能（584）；主轴正转（M03）等
⬛	单段程序运行	一般在程序运行开始时为避免撞刀，按一下该按键执行一段程序，当确认无危险后就可以选择自动运行
➡	程序自动运行	自动运行程序
◆	程序编辑	调用、编辑和修改程序
➡	图形模拟显示	通过观察图形对三轴加工程序进行调试

二、五轴数控机床的基本操作

1. 开、关机

开机前必须先检查：电源电压是否稳定在 380～420V；气压应大于 0.6MPa（压缩空气须干燥、清洁）。

开机后常见问题及解决方法：

1）出现提示 "75 ITC AGAIN INITALIZED"，表示机床系统内的热补偿功能（ITC）尚未生效，按按键 **CE** 可以取消此提示。

2）轴向锁定提示：界面中轴前面出现锁定轴标志 ✛，可以按下白色的开/关门键 ⬤ 来解除对 X、Y、Z 轴的锁定，如图 5-12 所示。

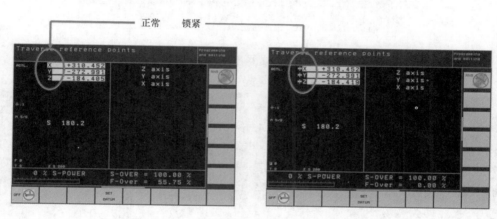

图 5-12 轴向锁定

3）出现提示 "79 PRELUBRICATION SPINDLE ACTIVE"，表示首次开机时主轴要预润滑大约 10min，润滑完毕后，提示会自动消失。此时主轴不能转动，但可进行回参考点的操作。

4）主轴开始旋转时出现提示 "77 MACHINE WARM UP"，表示主轴要预热。主轴低速旋转 2.5min 后，可以按程序要求转速旋转。

关机时必须按正确的步骤进行操作，错误的关机步骤可能会造成数据丢失。

正确的关机步骤：先按按键 🖐，利用按键 ◁ 或 ▷ 找到并选择界面中软键 ⌚，然后选择 ［YES］软键，确认后关机，如图 5-13 所示。

2. 回参考点

出现图 5-14a 所示界面后，按按键 **CE** 取消中断提示。按绿色启动键 ⬤ 依次回参考点，每按一次只会有一个轴回参考点，按 Z、Y、X 的顺序依次回参考点，回参考点成功后如图 5-14b 所示。

3. 安装工件

在手动状态下，按开门键，清理 3R 卡盘上的切屑，按 ［FN1］键松开卡盘（气动夹紧），图 5-15a 所示为机床上的装夹结构，图 5-15b 所示为 3R 卡盘的底座。

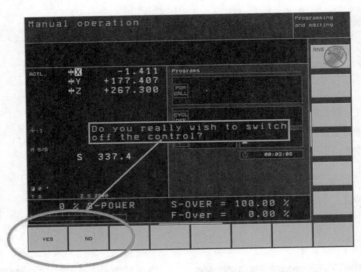

图 5-13　关机操作显示屏

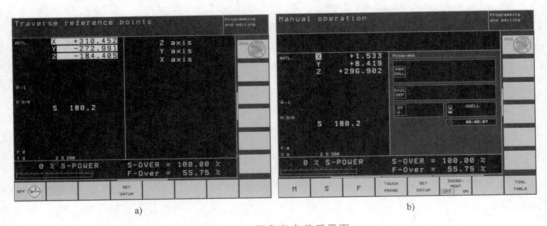

a)　　　　　　　　　　　　　　　　b)

图 5-14　回参考点前后界面

　　在工件上选图 5-16 中合适的尺寸攻 4 个 M6 螺纹孔（图 5-17a），将工件用螺钉紧固在 3R 卡盘上，再安装在机床上，保证自定心卡盘缺口（图 5-17b）对着自己，按下［FN1］键收紧卡盘。

4. 安装刀具

　　有两种刀柄，一种是弹簧锁紧刀柄，另一种是热缩式刀柄。

　　1）弹簧锁紧刀柄，可装最大刀具直径为 12mm，因为是精密装夹，需要使用专用工具——筒夹装卸环，如图 5-18 所示。

　　装刀过程如图 5-19 所示，步骤如下：

　　① 把筒夹装入装卸环内，注意环的锥度方向要与筒夹相一致，如图 5-19a 所示。

　　② 将装卸环装入筒夹螺母，如图 5-19b 所示。

　　③ 用力推出装卸环，如图 5-19c 所示。

　　④ 旋转装上刀头，再装刀具，用扳手拧紧螺母，如图 5-19d、e、f 所示。

a)

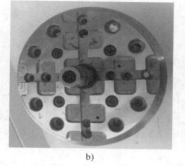

b)

图 5-15 机床上的装夹机构和自定心卡盘底座

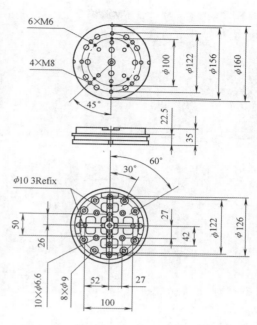

图 5-16 自定心卡盘上安装孔的尺寸

a)

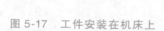

b)

图 5-17 工件安装在机床上

a) 弹簧锁紧刀柄组成部件

b) 筒夹装卸环

c) 锁刀座

图 5-18 弹簧锁紧刀柄

1—筒夹螺母 2—筒夹装卸环 3—弹簧筒夹 4—锁刀座

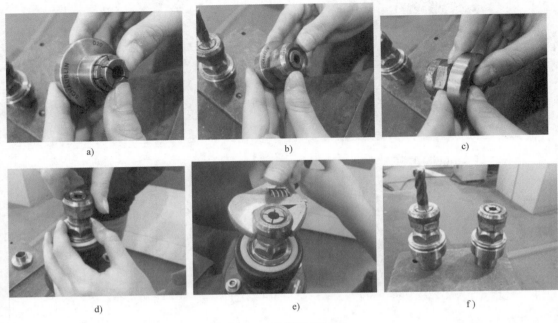

a)　　　　　　　　　　b)　　　　　　　　　　c)

d)　　　　　　　　　　e)　　　　　　　　　　f)

图 5-19　安装刀具过程

2）热缩式刀柄。其原理是利用刀柄（特殊不锈钢）和刀具（仅限钨钢刀）的热膨胀系数之差，强力且高精度夹紧刀具。它的特点是：热缩式刀柄不需要螺母和筒夹，不易产生干涉，但操作时刀柄温度高，必须用工具夹持，不能用手直接接触，以保证安全，如图 5-20 所示。

图 5-20　用热缩式刀柄安装刀具

将刀具装上主轴也有两种方式，一种是装进刀库，再在 MDI 模式下利用 "TOOL CALL" 程序进行调用；另一种是手动直接装入主轴。

注意：在利用程序调用刀具时，双手应抓紧刀具将其安装到刀库中，然后旋转刀具确保安装牢固，如图 5-21 所示。36 号位是红宝石探测头专用位，装夹时要确保方法正确，如图 5-22 所示；利用手动装夹刀具时，应直接开门在主轴上装刀，要注意当前刀号。

图 5-21　双手上刀

图 5-22　探测头专用位

三、激光测量和手动测量刀具长度

1. 激光测量刀具长度

BLUM 激光对刀仪测量出来的数值，如图 5-23 所示，L（刀长）为主轴端面到刀尖的距离；R 为刀具半径。

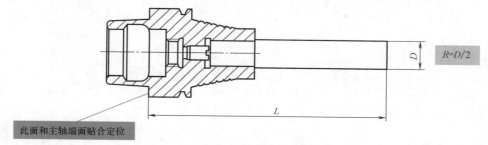

此面和主轴端面贴合定位

图 5-23　刀具长度和半径

1）在 MDI 模式下，按下控制面板上的按键TOUCH PROBE，屏幕上便会出现图 5-24 所示界面。

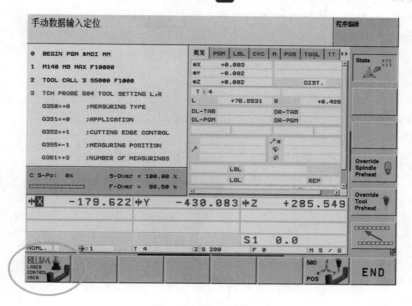

图 5-24　激光测量

2）先选择软键 ，再选择软键 ，在手动模式或 MDI 模式下选择软键

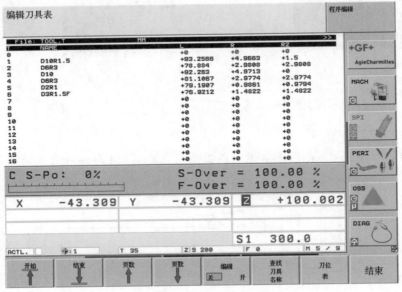，如图 5-25 所示。

图 5-25　刀具编辑

3）编辑开始后，按光标移动键 ➡，将光标移动到 "NAME"，先给刀具命名，如 1 号圆鼻刀 "D10R1.5"；2 号球刀 "D6R3"；3 号平底刀 "D10" 等。

4）设置参数，最关键的两个参数如下：

TT：L-OFFS＝刀具半径测量时，激光中心到刀尖的距离；

TT：R-OFFS＝刀具长度测量时，激光中心和刀具中心之间的距离。

刀具类型不同，TT：L-OFFS 和 TT：R-OFFS 的设置也不同，图 5-26 所示为 3 种刀具及其对应的参数设置。

5）因为激光测量有一定的范围，所以在 "L" 处要输入刀具的大概尺寸。

6）MDI 模式下执行 "584" 指令，用激光测量刀具长度和半径。

2. 手动测刀具长度

当没有激光对刀仪时，可用千分表测刀具长度，步骤如下：

1）用千分表测量主轴端面，记录千分表示数，如图 5-27 中①所示。

2）此时进入设定原点界面，选择 [SET DATUM]→[AXIS Z] 软键，输入 "+0"，设置 Z 轴坐标为 0，如图 5-28 所示。

3）用千分表测量刀尖时，旋转刀具使千分表数值与测量主轴时相同，如图 5-29 中②所示。

4）把此时的 Z 轴坐标数值输入刀具表对应位置，即刀长，如图 5-30 所示。还可用此法校正激光器的偏差。

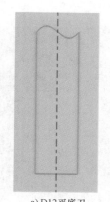
a) D12平底刀

b) D10R1圆鼻刀

c) D6R3球刀

TT：L-OFFS=0.5；

TT：R-OFFS=R-0.5

D12：设置 L-OFFS=0.5

R-OFFS=6-0.5=5.5

TT：L-OFFS=R2+0.5

TT：R-OFFS=R-R2-0.5

D10R1：设置 L-OFFS=1+0.5=1.5

R-OFFS=5-1-0.5=3.5

TT：L-OFFS=R2+0.5

TT：R-OFFS=0

D6R3：设置 L-OFFS=3+0.5=3.5

R-OFFS=0

图 5-26　参数设置

图 5-27　千分表测量端面

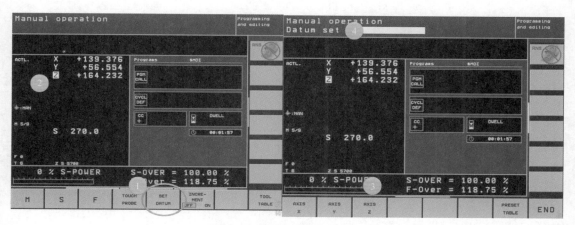

图 5-28　设置 Z 轴坐标为 0

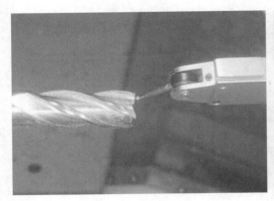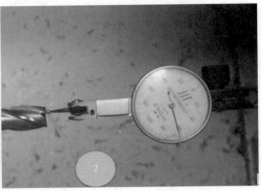

图 5-29　千分表测量刀具端面

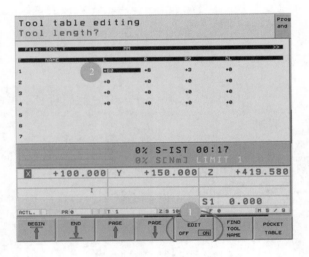

图 5-30　设置刀具长度

四、移动机床轴

1. 手动操作模式

按下手动操作键🖐️再选轴，如图 5-31 所示，可选择 X、Y、Z、B、C 轴进行移动，选择完成后再按绿色的启动键。

增量式移动开关在屏幕左下角，选择后设置增量值进行移动。

2. 手轮操作模式

按下手轮模式键🖲️，输入整数值调节手轮档位，范围为 3~9（3 最快，9 最慢），如图 5-32 所示。

开门状态下移动机床，必须同时按住手轮两侧的左右按键，界面显示"67 SET-UP MODE EXTENDED"提示时才能移动，如图 5-33 所示。

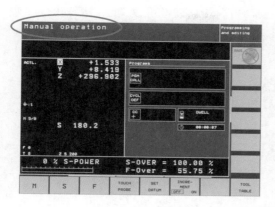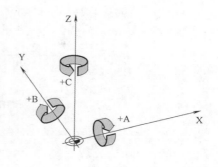

图 5-31　手动操作界面和轴的方向

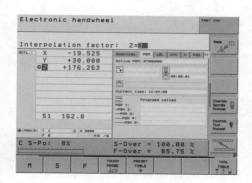

图 5-32　手轮档位调整

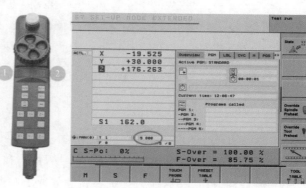

图 5-33　移动机床

五、主轴转速 S、进给率 F 和辅助功能 M140

1）在手动和手轮模式下，选择软键［S］、［F］、［M］进行相关操作的方法相同。如图 5-34 所示，选择［M］软键输入"03"，按启动键开始执行指令。

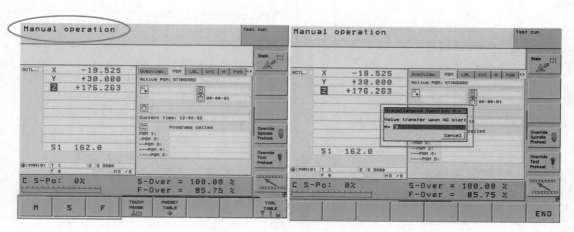

图 5-34　输入"M03"指令

2）同样选择［S］软键并输入转速（图 5-35），按启动键可改变当前主轴的转速。

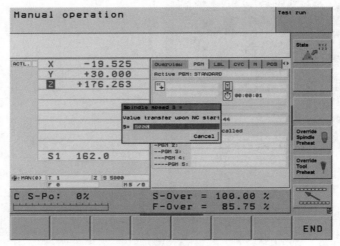

图 5-35　输入转速

3）在 MDI 模式下输入 "M140 MB MAX"，按启动键，主轴返回到 Z 轴的最高点。

六、分中对刀

1. 半自动分中

1）调用探测头。已知探测头在 36 号刀位，在 MDI 模式下按下按键 [TOOL CALL]，输入 "36 s50"（选择软键［ENT］开始输入，选择软键［END］结束输入）。按启动键调出探测头。

2）探测头调出后，界面出现 "TOUCH PROBE ACTIVE"，表示探测功能可用，选择［探测功能］软键 [探测功能]，如图 5-36 所示。

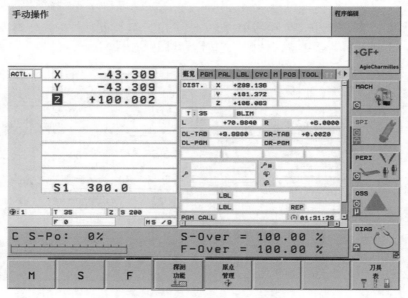

图 5-36　选择［探测功能］软键

3）选择测量方式。探测方形工件时，选择软键 ![]；探测圆形工件时，选择软键 ![] cc，如图 5-37 所示。

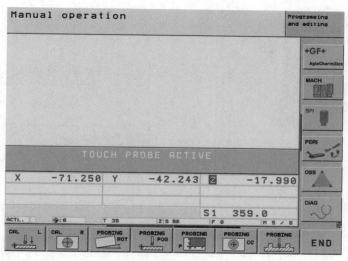

图 5-37　选择测量方式

4）选择［X+］软键开始测量，如图 5-38 所示。

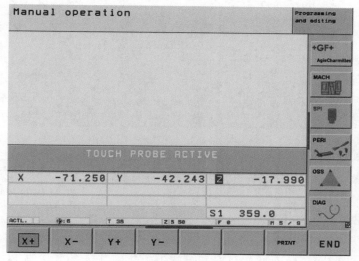

图 5-38　测量步骤

5）首先把探测头移动到工件的−X 方向约 20mm 处，比工件表面低约 10mm，选择［X+］软键，使探测头往+X 方向移动，按启动键，探测头会自动碰到工件得到−X 的坐标值；同样，将探测头移动至−Y 方向，选［Y+］软键，按启动键，得到−Y 的坐标值；然后，再测得+X 和+Y 的坐标值，如图 5-39 所示。图 5-40 所示为测得的分中值。

6）完成以上步骤以后，设定工件原点，键入预设表，设定工件坐标系，如图 5-41 所示。

7）对 Z 向值。Z 向以最高面为零点。首先移动探测头至工件大致的中心，Z 方向距工

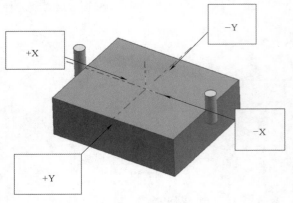

图 5-39　分中测量方式

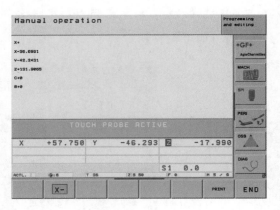

图 5-40　分中值

90

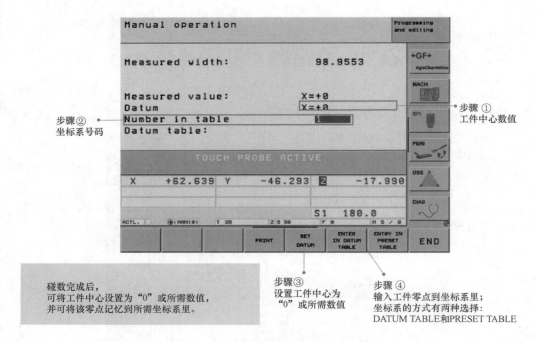

步骤①
工件中心数值

步骤②
坐标系号码

碰数完成后，
可将工件中心设置为"0"或所需数值，
并可将该零点记忆到所需坐标系里。

步骤③
设置工件中心为
"0"或所需数值

步骤④
输入工件零点到坐标系里；
坐标系的方式有两种选择：
DATUM TABLE和PRESET TABLE

图 5-41　键入预设表 XY

件表面约 15mm，如图 5-42a 所示；在手动模式下，找到并选择［探测 POS］，再选单边碰数，选择碰工件顶面，碰数棒的运动方向应该是−Z，如图 5-42b 所示，按启动键，探测头会自动在顶面碰数。

注意：用校表来检测探测头是否有问题。沿 Y 轴和 Z 轴方向触碰到探测头的顶点，压表时不能压太多（回弹）。旋转探头进行检测，例如：测量出有 0.015mm 的误差。旋转探测头到表读数最高的位置，用扳手调整探头上方 4 个沉头螺钉的位置（锁紧），将其误差调至 0.002~0.003mm 范围内即可。

2. 手动分中

1）X、Y 轴对刀。如果没有红宝石探头，可以用刀具代替进行手动对刀。原理与使用探

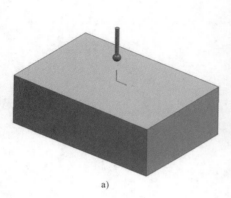

a)

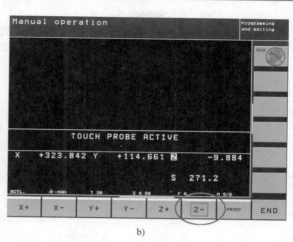

b)

图 5-42 Z-方向碰数

测头对刀一样，同样选择［探测 POS］软键，用刀具旋转切削工件代替探测头碰工件，其他步骤与探测头分中相同。

2）Z 轴对刀。将 Z 轴移至安全高度，在 MDI 模式下输入"X0""Y0""F3000"，按启动键，使刀具旋转，手动移动 Z 轴至工件表面试切，如图 5-43 所示，把此时的 Z 坐标值输入坐标系。

按手动操作键，在"Z"处输入"0"完成对刀。

选择［EXECUTE］软键启动预设，预设表也随之改变，MAN 表示被启用的坐标系，如图 5-44 所示。

图 5-43 试切工件表面

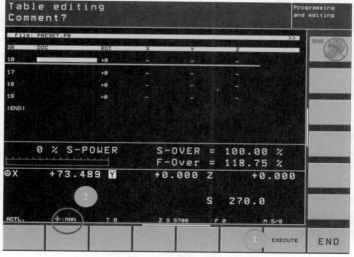

图 5-44 启用预设

七、程序的导入（使用 U 盘）

进入程序管理界面按下按键 $\frac{PGM}{MGT}$，选择 U 盘中的程序或子目录，复制到机床的程序目录中。

八、加工程序自动运行

先按控制面板的程序自动运行模式键 $\boxed{\rightarrow}$，再按档案管理键 $\frac{PGM}{MGT}$，选择需要运行的程序，按 $\boxed{ENT}$ 确定，如图 5-45 所示。

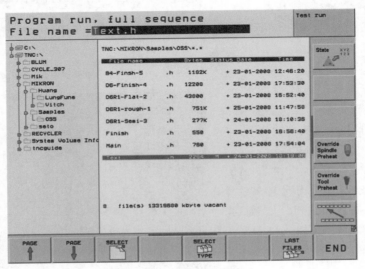

图 5-45　选择加工程序

确定程序后，按启动键程序会自动运行，如图 5-46 所示。进给速度倍率先调到 0，然后

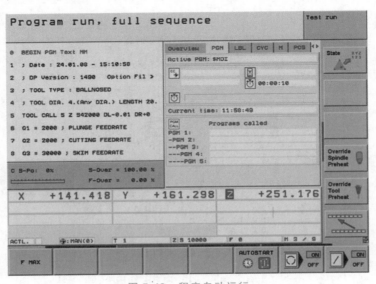

图 5-46　程序自动运行

逐渐增大到 100%，过程中注意观察切削状态，听声音，看切屑。

任务三　常见问题的处理

一、意外情况处理

1）情况一：开门观察后，继续运行。

加工当中，如果出现问题想停止程序进行检查，先调整进给倍率为 0，再按下红色暂停键，并调用主轴停转指令 M5 和冷却停止工作指令 M9，如图 5-47 所示。然后按下白色的开/关门键，打开防护门进行检查。

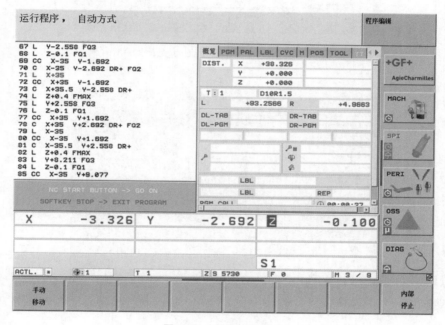

图 5-47　程序中途停止

检查完后，重新关门，按下开/关门键，锁紧防护门。按下启动键，调用主轴旋转指令 M3 和喷切削液指令 M7/M8，机床按程序接着自动运行。

2）情况二：开门后，移动机床，再关门继续运行。

如果程序暂停后需要抬起刀具，移动工件位置以方便观察加工过程，可选择手动移动软键［MANUAL TRAVERSE］，如图 5-48 所示，此时手轮灯会亮起，表示手轮处于工作状态，可抬起刀具，移动工件到方便观察的位置。

观察完后，重新关好防护门，按下开/关门键，选择恢复位置软键［RESTORE POSITION］，如图 5-49 所示，按启动键三轴会自动恢复位置，恢复位置的顺序依次是 X、Y、Z 轴，恢复到刚才停止的位置后，再按启动键，机器会按照程序指令自动运行。

3）情况三：中途停止，取消刀尖跟随指令，把 Z 轴移到最高点。操作步骤如下：

① 按红色暂停键。

② 进入 MDI 模式，执行"M127""M129"指令取消刀尖跟随和最短距离，否则会

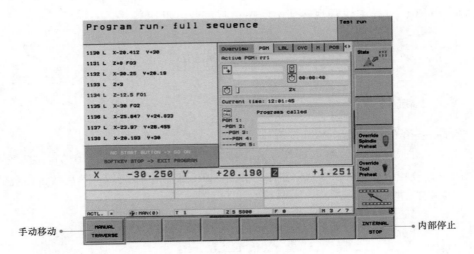

图 5-48　暂停后手动移动

94

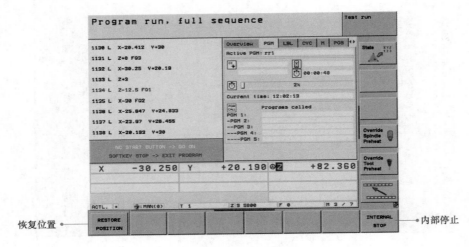

图 5-49　暂停后恢复位置

撞刀。

③ 按手动操作键，进入手动状态抬起 Z 轴。

④ 执行程序 "LC+0 B+0 F3000"，让第 4 和第 5 轴回到零点。

4）情况四：在停止加工处换刀并重新测量刀长，再继续加工。

在程序自动运行时出现断刀或其他原因需要停止程序运行的，必须记下停止程序的顺序号，在重新测量刀具后，需要从程序停止的位置重新开始运行。操作步骤如下：

① 记住停止程序的顺序号，选择 ［BLOCK　SCAN］软键，如图 5-50 所示。

② 选择 ［RESTORE POS. ATN］软键存储顺序号，如图 5-51 所示。

③ 在 "Start-Up at：N＝" 后输入需要重新开始运行的程序顺序号，建议输入的顺序号较停止顺序号提前一点，如图 5-52 所示。

④ 按启动键，程序会自动跳到刚才输入的顺序号的程序处。

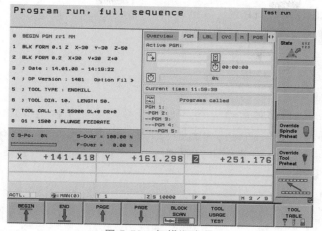

图 5-50　扫描顺序号

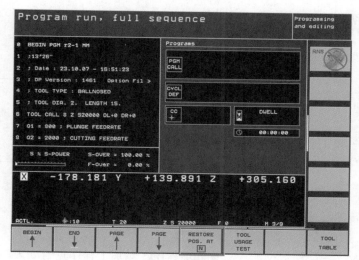

图 5-51　存储顺序号

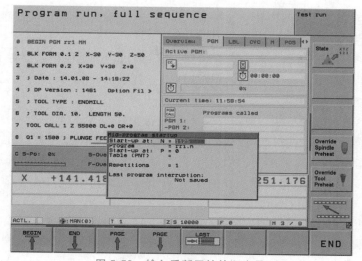

图 5-52　输入重新开始的顺序号

⑤ 选择［RESTORE POSITION］软键。

⑥ 按启动键，程序自动重新运行。

二、一些特殊 M 指令

1. M126 和 M127

M126 指令是旋转轴短路径运动指令，M127 指令的功能是取消 M126 指令。例如：加工一个半圆形工件，本意是旋转轴旋转 30°进行加工，假设没有输入 M126 指令，系统则会默认为旋转 330°进行加工。M127 指令可以取消 M126，程序结束时，如果没有 M127，可能会撞刀。

2. M128 和 M129

在 CAM 软件中，做一个简单的刀路。刀具沿一个立方体工件的三个面连续移动，刀轴始终垂直于工件表面。在工件的 A 和 B 两个棱边处，刀轴旋转 90°。加工坐标系位于工件底部，如图 5-53 所示。

现在以双转台机床为例，编写好程序后，要导入到机床中进行加工，需要以下步骤：

1）测量工作台摆动中心轴线与回转中心轴线的距离 d_1。

2）测量这两条异面相交直线在回转轴线上的虚交点 P 到回转工作台台面的距离 d_2。

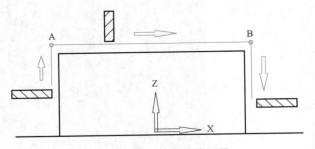

图 5-53　RTCP 功能演示图

3）将工件安装到工作台上，加工坐标系原点与回转轴线重合（俗称回转找正）。

4）测量加工坐标系原点到工作台面的距离 d_3。

5）将 d_1 以及 d_2+d_3 的数据输入后置处理程序，对加工程序进行处理。

6）将刀尖找正到加工坐标系原点。

步骤 1）和 2），只需执行一次；步骤 3）、4）、5），每次更换工件都要执行；步骤 6），只需更换刀具时执行。

如果机床有了 RTCP 功能，则步骤 1）~5）都不用执行，数控程序也有了通用性。

RTCP 还有一个重要的作用——线性误差纠正，就是常说的刀尖跟随。此作用的重要性体现在以下 3 个方面：

1）保证刀尖相对位置不变。如图 5-54 所示，在工件的 A 点处，刀轴中心线从水平位置直接变到垂直位置，如果不进行线性误差纠正，刀尖将偏离 A 点，甚至扎入工件，造成严重事故。因为摆动轴和回转轴连续运动引起了 A 点位置的变化，程序中原始的刀尖位置必须进行修正，保证刀尖位置坐标始终相对于 A 点不变，就好像刀尖跟随着 A 点在运动，这就是刀尖跟随。

2）刀尖跟随可以弥补回转轴带来的线性误差，防止出现撞刀现象。人们经常提起来的"真五轴"或"假五轴"，其判断标准主要就是有无线性误差纠正功能。

3）保证刀尖的相对角度不变。以旋转工作台机床为例，如果没有打开 RTCP 的话，不管 C 轴怎么旋转，工件坐标系始终在固定的一点上；如果打开 RTCP，那么当 C 轴旋转时，坐标系也跟着一起动，而且还旋转了方向，因为 RTCP 要保证刀尖旋转时始终与工件的位置保持不变。

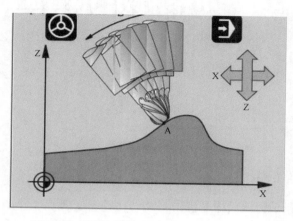

M128指令的功能是带跟踪的3D刀具补偿，能使工作台倾斜运动。在程序开头，M128指令有效。M129指令功能是复位。

图 5-54 RTCP 功能

三、探测头长度的测量

1）调用一个 D12 平底刀，在工件表面铣一个平面。
2）设置当前铣的平面 Z 轴坐标为 0。
3）调用探测头，让探测头在平面碰数，得到探测头长度，如图 5-55 所示。

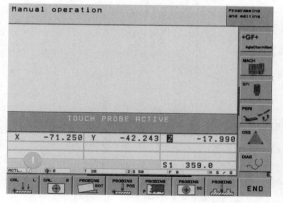
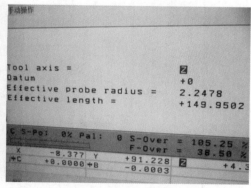

图 5-55 探测头长度测量

任务一　建　模

一、零件图

图 6-1 所示为四面体零件图，其结构简单，侧面 4 个斜面外加 1 个斜圆台和 1 个凹槽。

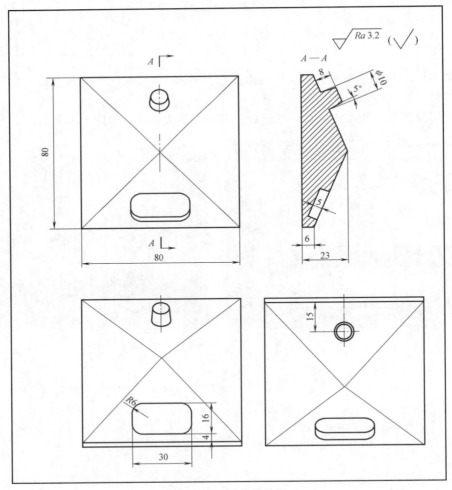

图 6-1　四面体零件图

零件材料为 6061 铝合金。

二、3D 建模

四面体的最终建模结果如图 6-2 所示。具体建模步骤如下。

1）启动 UG NX10.0。双击软件快捷方式 。

2）单击"文件"→"新建"命令按钮，弹出"新建"对话框。在"模板"中选择"模型"，在"名称"文本框中输入"四面体"，"文件夹"选择"E：\UG\"，"单位"选择"毫米"，单击"确定"按钮，进入绘图界面。

3）单击"拉伸"按钮 ，选择 X-Y 基准平面进行草绘。

4）在草图平面绘制 80mm×80mm 正方形，完成后草图曲线如图 6-3 所示。

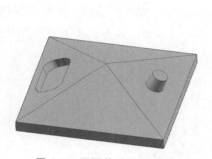

图 6-2 四面体建模完成图

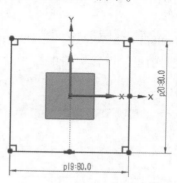

图 6-3 正方形草图曲线

5）单击"完成草图"按钮，弹出"拉伸"对话框（图 6-4），在"结束"的"距离"中输入"23"，单击"确定"按钮完成拉伸。

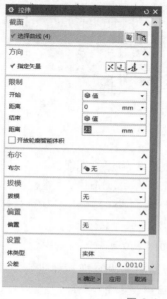

图 6-4 "拉伸"对话框及完成结果

6）单击"拉伸"按钮 ，选择图6-5中模型左侧面为基准平面进行草图绘制。

7）在基准平面绘制草图曲线，完成后的草图曲线如图6-6所示。

图6-5　基准平面选择

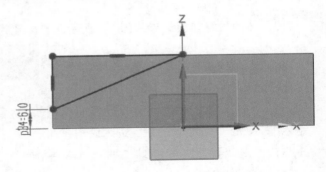

图6-6　三角形草图曲线

8）单击"完成草图"按钮，弹出"拉伸"对话框，在"方向"选项中单击按钮 ，拉伸方向朝里，设置"结束"为"贯通"，"布尔"为"求差"，其余选项默认，单击"确定"按钮，如图6-7所示。

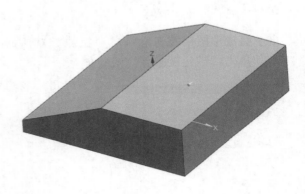

图6-7　拉伸设置及完成结果

9）单击"插入"→"关联复制"→"阵列特征"按钮，选择上一步建立的拉伸特征，"阵列定义"中设置"布局"为"圆形"，设置"指定矢量"为"ZC轴"，"指定点"为坐标原点，"间距"为"数量和跨距"，"数量"为"4"，"跨角"为"360"，其余选项默认，如图6-8所示。从预览图中可以观察模型正确与否。

10）单击"确定"按钮完成阵列操作，阵列结果如图6-9所示。

11）单击"拉伸"按钮 ，选择图6-10所示模型前斜面为基准平面进行草图绘制。

12）在基准平面中完成图6-11所示草图曲线的绘制。

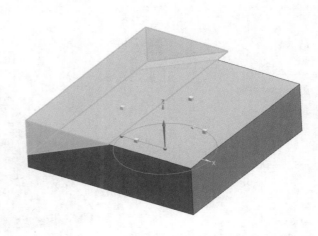

图 6-8　阵列特征参数设置

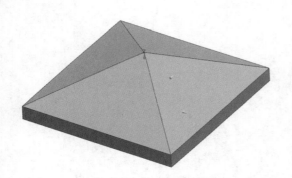

图 6-9　阵列特征结果

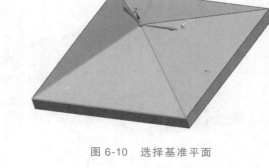

图 6-10　选择基准平面

13）单击"完成草图"按钮，弹出"拉伸"对话框，在"方向"选项中单击按钮 ⊠，拉伸方向朝里，设置"结束"为"值"，"距离"为"5"，"布尔"为"求差"，其余选项默认，单击"确定"按钮完成拉伸，如图 6-12 所示。

14）单击"倒圆角"按钮 🔳，对在上一步骤中生成的凹槽的 4 条竖边倒圆角，圆角半径为6mm。结果如图 6-13 所示。

15）单击"拉伸"按钮 🔳，选择前斜面为

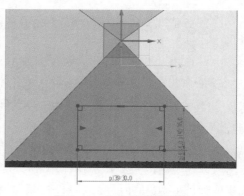

图 6-11　长方形草图曲线

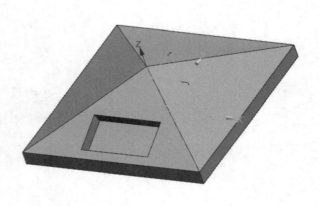

图 6-12 拉伸设置及完成结果

基准平面进行草图绘制，如图 6-14 所示。

图 6-13 倒圆角

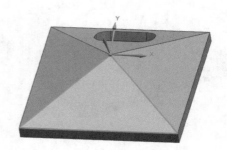

图 6-14 选择基准平面

16）在基准平面完成图 6-15 所示草图的绘制。

17）单击"完成草图"按钮，弹出"拉伸"对话框，在"方向"选项中单击按钮，拉伸方向朝外，设置"结束"为"值"，"距离"为"8"，"布尔"为"求和"，"拔模"为"从起始限制"，在"角度"文本框中输入"5"，其余选项默认，单击"确定"按钮，如图 6-16 所示。至此零件建模完成。

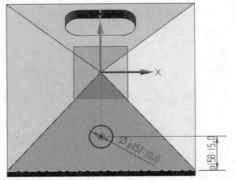

图 6-15 圆形草图

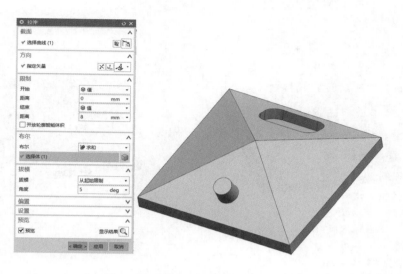

图 6-16 "拉伸"对话框及完成结果

任务二 加 工 工 艺

一、工艺分析

本零件毛坯规格为 85mm×85mm×25mm 方块，材料为 6061 铝合金。零件结构简单，可先加工反面，然后再翻面加工正面。反面用三轴加工即可完成，可参照加工工序卡即可自行完成，因此就不再赘述。

二、程序编写流程及加工工序卡

1）四面体零件反面加工工序卡见表 6-1。

表 6-1 四面体零件反面加工工序卡

工步号	工步名	编程方法	加工部位	刀具号	刀具规格	主轴转速/(r/min)	进给速度/(mm/min)	刀轴	备注
1	粗加工	底壁加工	反面平面	1	D16	2000	2000	垂直于面	见图 6-17a
2	粗加工	平面铣	反面四周	1	D16	2000	2000	垂直于面	见图 6-17b
3	精加工	底壁加工	反面平面	2	D10	2000	2000	指定矢量	见图 6-17c
4	精加工	平面铣	反面四周	2	D10	2000	1500	垂直于面	见图 6-17d

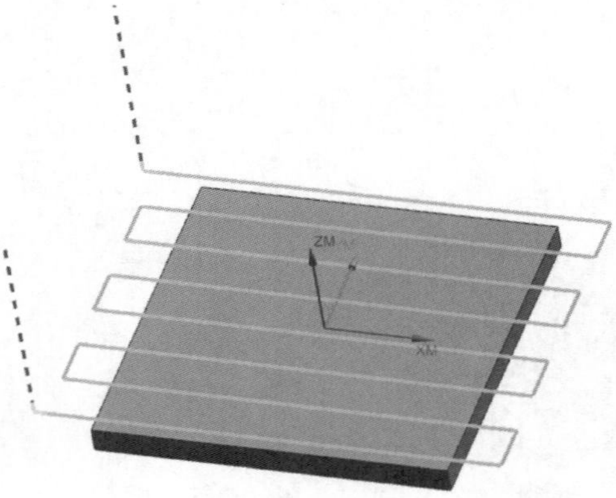

a) 反面平面粗加工

b) 反面四周粗加工

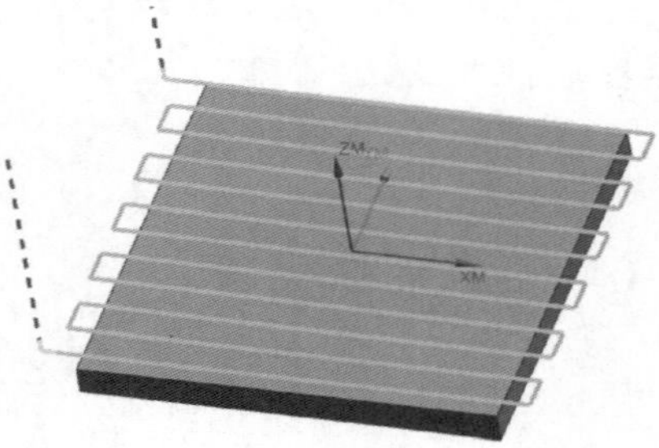

c) 反面平面精加工

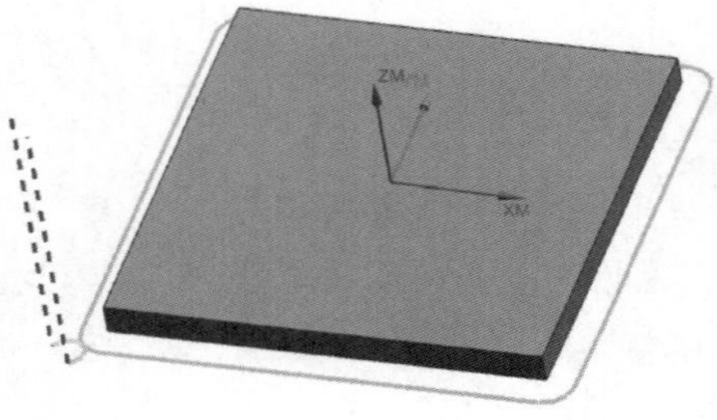

d) 反面四周精加工

图 6-17　四面体反面加工工艺流程

2）四面体零件正面加工工序卡见表 6-2。

表 6-2　四面体零件正面加工工序卡

工步号	工步名	编程方法	加工部位	刀具号	刀具规格	主轴转速/(r/min)	进给速度/(mm/min)	刀轴	备注
1	粗加工	型腔铣	正面全部	1	D16	2000	2000	垂直于第一个面	见图 16-8a
2	二粗	底壁加工	斜圆台顶部平面	1	D16	2000	1500	垂直于第一个面	见图 16-8b
3	二粗	深度轮廓加工（等高铣）	斜圆台	1	D16	2000	2000	指定矢量	见图 16-8c
4~7	二粗	底壁加工	斜平面	1	D16	2000	1500	垂直于第一个面	见图 16-8d~g
8	开粗	平面铣	斜平面凹槽	2	D10	2500	2000	垂直于底面	见图 16-8h

（续）

工步号	工步名	编程方法	加工部位	刀具号	刀具规格	主轴转速/(r/min)	进给速度/(mm/min)	刀轴	备注
9	精加工	平面铣	斜平面凹槽底面	2	D10	3000	400	指定矢量	见图 16-8i
10	精加工	平面铣	斜平面凹槽侧面	2	D10	3000	400	指定矢量	见图 16-8j
11	精加工	底壁加工	斜圆台顶部平面	2	D10	3000	400	垂直于第一个面	见图 16-8k
12	精加工	可变轮廓铣	斜圆台侧面	2	D10	3000	400	侧刃驱动体	见图 16-8l
13~16	精加工	底壁加工	斜平面	2	D10	3000	400	垂直于第一个面	见图 16-8m~p

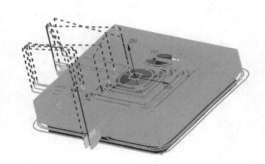

a) 正面型腔铣开粗

b) 正面斜圆台顶部平面二粗

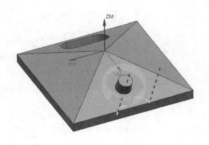

c) 正面斜圆台等高铣

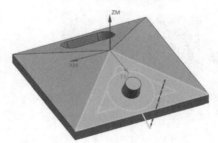

d) 正面斜平面二粗(第1次)

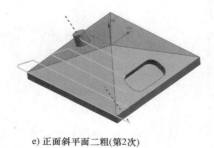

e) 正面斜平面二粗(第2次)

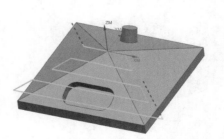

f) 正面斜平面二粗(第3次)

图 6-18　四面体正面加工工艺流程

g) 正面斜平面二粗(第4次)

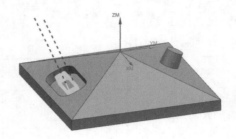

h) 正面斜平面凹槽开粗

i) 正面斜平面凹槽底面精加工

j) 正面斜平面凹槽侧面精加工

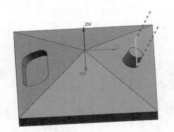

k) 正面斜圆台顶部平面精加工

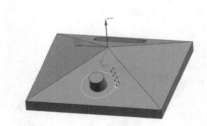

l) 正面斜圆台侧面精加工

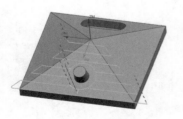

m) 正面斜平面精加工(第1次)

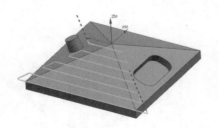

n) 正面斜平面精加工(第2次)

图 6-18　四面体正面加工工艺流程（续）

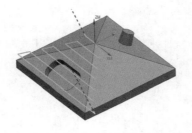 

o) 正面斜平面精加工(第3次)　　　　　　p) 正面斜平面精加工(第4次)

图 6-18　四面体正面加工工艺流程（续）

任务三　加工编程准备

一、创建加工坐标系

1）选择"启动"下拉菜单中"加工"命令，会弹出"加工环境"对话框，在"要创建的 CAM 设置"列表中选择"mill-planar"，单击"确定"按钮，进入加工模块。

2）单击"几何视图"按钮 ，进入"工序导航器—几何"窗口，设置坐标系、工件等参数。双击 MCS_MILL，将坐标系原点设置在底平面中心，"安全距离"值设为"50"，单击"确定"按钮，完成坐标系的设定。

二、创建几何体

双击"WORKPIECE"，"指定部件"选择已建好的模型，进入"毛坯几何体"对话框，设置"类型"为"包容块"，其余参数设置如图 6-19 所示。单击"确定"按钮，完成工件设置。

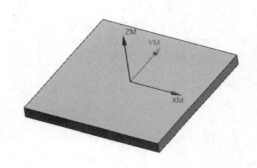 

图 6-19　坐标系及工件设置

三、创建刀具

在"工序导航器—机床"窗口中，分别建立面铣刀"D16"和"D10"。

四、程序顺序准备

在"工序导航器—程序顺序"窗口中，分别建立工序文件夹"FM"和"ZM"，如图 6-20 所示。

图 6-20　程序顺序

任务四　编写加工程序

一、反面加工程序

反面加工程序是三轴加工程序，包括四个步骤：平面粗加工、四周粗加工、平面精加工、四周精加工。可参照程序编制流程自行完成。完成后程序顺序如图 6-21 所示。

程序编写完成后，打开"刀轨可视化"对话框，选"3D 动态"，如图 6-22 所示。单击"播放"按钮，进行刀路仿真，仿真完成后的结果如图 6-23 所示。然后单击"创建"按钮，在"部件导航器"中产生了"小平面体"，如图 6-24 所示，此"小平面体"可以作为加工正面的毛坯。

图 6-21　反面程序编写顺序

二、正面加工程序

1. 准备工作

在创建正面加工程序前，需先创建正面加工坐标系和几何体。可以先隐藏"小平面体"，以便于选择部件。建立加工坐标系，如图 6-25 所示。设置"安全设置选项"为"自动平面"，"安全距离"为"50"。创建几何体，在"工件"对话框中设置"指定部件"为四面体零件、"指定毛坯"为在上一步骤中生成的"小平面体"。在"类型过滤器"中选择"小平面体"，如图 6-26 所示。在"部件导航器"中，勾选"小平面体"，选中重新显示的"小平面体"为毛坯几何体，如图 6-27 所示，完成几何体的设置。

108

图 6-22　刀具路径仿真界面

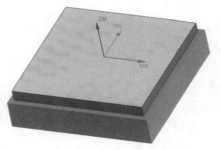

图 6-23　3D 仿真结果

图 6-24　部件导航器

图 6-25　建立加工坐标系

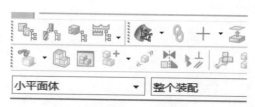

图 6-26　设置"类型过滤器"

图 6-27　选择毛坯几何体

2．粗加工程序

（1）正面型腔铣粗加工

1）设置"工序子类型"为"型腔铣"，"程序"为
"ZM"，"刀具"为"D16"，"几何体"为"WORKPIECE_1"，
其余参数设置如图6-28所示。

2）在"型腔铣"对话框中设置"切削模式"为"跟随周
边"，"步距"为"刀具平直百分比"，"平面直径百分比"为
"70"，"公共每刀切削深度"为"恒定"，"最大距离"为
0.5，如图6-29所示。在"切削层"对话框中设置"范围深
度"为"18.4999"，如图6-30所示。

3）在"切削参数"对话框的"策略"选项卡中，设置
"切削方向"为"顺铣"，"切削顺序"为"层优先"，"刀路
方向"为"向内"，勾选"岛清根"，"壁清理"选择"自

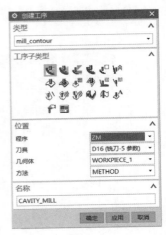

图 6-28 创建工序

动"，如图6-31所示；在"余量"选项卡中，勾选"使底面余量与侧面余量一致"，"部件
侧面余量"设为"0.2"，如图6-32所示；在"非切削移动"对话框的"进刀"选项卡中，
设置"进刀类型"为"圆弧"，"半径"为"3"，"最小安全距离"为"5"，如图6-33所
示；在"转移/快速"选项卡中，"转移类型"选择"前一平面"，"安全距离"设为"3"，
其余参数默认，如图6-34所示。

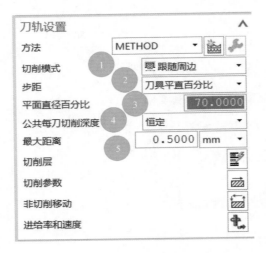

图 6-29 刀轨设置

图 6-30 切削层设置

110

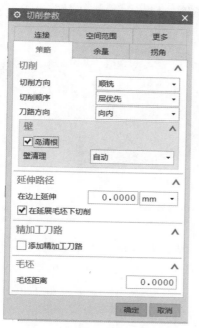

图 6-31　"策略"选项卡设置

图 6-32　"余量"选项卡设置

4）在"进给率和速度"对话框中，"主轴速度"设为"2000"，"切削"设为"2000"，如图 6-35 所示。

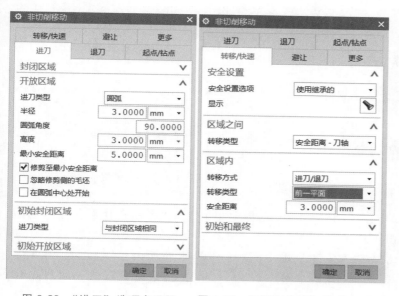

图 6-33　"进刀"选项卡设置　　图 6-34　"转移/快速"选项卡设置　　图 6-35　进给率和速度设置

5）生成的刀具路径和其仿真结果如图 6-36 所示。

（2）正面斜圆台顶部平面二粗

1）在"创建工序"对话框中，设置"工序子类型"为选择"底壁加工"，"刀具"为

图 6-36　生成的刀具路径和仿真结果

"D16"，"几何体"为"WORKPIECE_1"，其余参数默认，如图 6-37 所示。

2）在"底壁加工"对话框中设置"轴"为"垂直于第一个面"，如图 6-38 所示。

图 6-37　创建工序

图 6-38　刀轴设置

3）在"刀轨设置"选项中，"切削模式"选择"单向"，"平面直径百分比"设为"75"，其余参数默认，如图 6-39 所示。

4）在"切削参数"对话框的"余量"选项卡中，"最终底面余量"设为"0.1"；在"空间范围"选项卡中，"第一刀路延展量"设为"20"，其余参数默认，如图 6-40 所示。

5）在"非切削参数"对话框中，设置"进刀类型"为"线性"，"长度"为"3"，最小安全距离为"3"，如图 6-41 所示。

6）在"进给率和速度"对话框中，"主轴速度"设为"2000""切削"设为"1500"，如图 6-42 所示。

图 6-39 刀轨设置

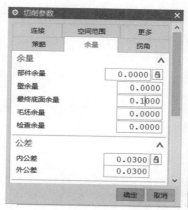

图 6-40 切削参数

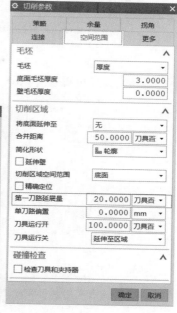

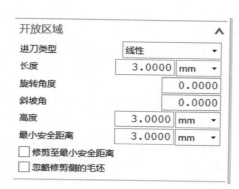

图 6-41 进刀设置

图 6-42 进给率和速度设置

7）设置完后生成的刀具路径如图 6-43 所示。

（3）正面斜圆台等高铣

1）单击"创建工序"按钮，"工序子类型"选择"深度轮廓加工""刀具"选择"D16""几何体"选择"WORKPIECE_1"，如图 6-44 所示。

2）"指定切削区域"选择斜圆台的侧面，如图 6-45 所示。选择完成后，"指定切削区域"处的"显示"按钮变亮，如图 6-46 所示。

3）在"刀轨设置"中，"最大距离"设为

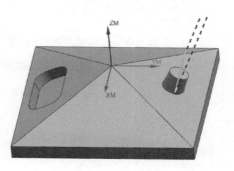

图 6-43 生成的刀具路径

113

"1"，其余参数默认，如图 6-47 所示。

图 6-44　创建工序

图 6-45　选择切削区域

图 6-46　"显示"按钮变亮

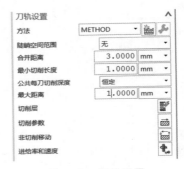

图 6-47　刀轨设置

4）"轴"选择"指定矢量"，在"矢量"对话框中，"类型"选择"面平面法向"，并选择斜圆台顶部平面为"选择对象（1）"，如图 6-48 所示。

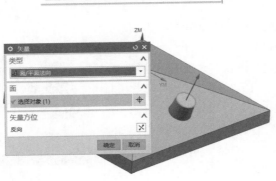

图 6-48　指定刀轴

5）在"切削层"对话框中，设置"深度"为"7.9"，这样底面就留有 0.1mm 的余量，其余参数设置如图 6-49 所示。

6）单击"切削参数"按钮，选择"余量"选项卡，将"部件侧面余量"设为"0.1"如图 6-50 所示；设置"连接"选项卡中的"层到层"为"沿部件交叉斜进刀"，"斜坡角"为"30"，如图 6-51 所示。

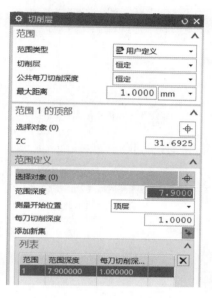

图 6-49 切削层设置

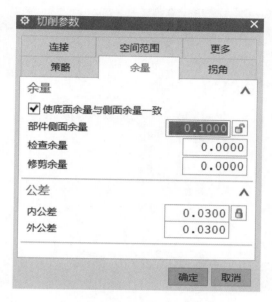

图 6-50 "余量"选项卡设置

7）设置"非切削移动"对话框中的"进刀类型"为"圆弧"，"半径"为"2"，"圆弧角度"为"90"，"最小安全距离"为"3"，如图 6-52 所示。

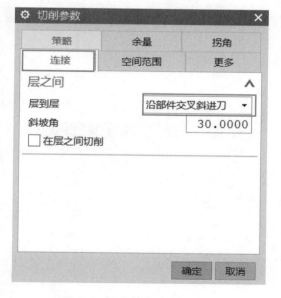

图 6-51 "连接"选项卡设置

图 6-52 "进刀"选项卡设置

8）在"进给率和速度"对话框中，设置"主轴转速"为"2000"，"切削"为"2000"，如图6-53所示。

9）生成的刀具路径如图6-54所示。

图6-53　进给率和速度设置

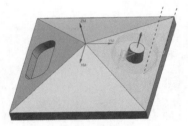

图6-54　生成的刀具路径

（4）正面斜平面二粗（第1次）

1）单击"创建工序"按钮，"工序子类型"选择"底壁加工" ，设置"刀具"为"D16"，"几何体"为"WORKPIECE_1"，如图6-55所示。

2）单击"指定切削区底面"处按钮 ，如图6-56所示。选择右侧斜平面为"指定切削区底面"，如图6-57所示。

3）在刀轴中，设置"轴"为"垂直于第一个面"如图6-58所示。

4）在"刀轨设置"中，"切削模式"选择"跟随周边"，"步距"选择"刀具平直百分比"，将"平面直径百分比"设为"75"，如图6-59所示。

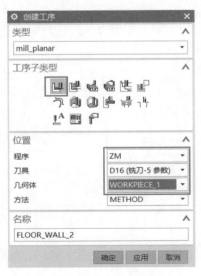

图6-55　创建工序

图6-56　底壁加工设置

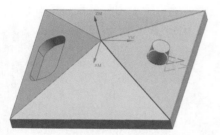

图 6-57　选择底壁加工面

图 6-58　刀轴设置

5）在"切削参数"对话框的"策略"选项卡中，"切削方向"选择"顺铣"，"刀路方向"设为"向内"，勾选"岛清理"，如图 6-60 所示；在"余量"选项卡中，将"部件余量"和"最终底面余量"都设为"0.1"，如图 6-61 所示。

图 6-59　刀轨设置

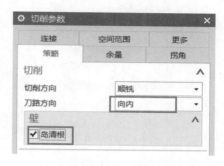

图 6-60　"策略"选项卡设置

6）在"非切削移动"对话框中，设置"进刀"选项卡中"进刀类型"为"线性"，"长度"为"3"，"最小安全距离"为"3"，如图 6-62 所示。

7）生成的刀具路径如图 6-63 所示。

图 6-61　"余量"选项卡设置

图 6-62　"进刀"选项卡设置

117

（5）正面斜平面二粗（第2~4次）

该步骤的操作与步骤（4）中的一样，复制并粘贴步骤（4）中创建的程序后修改相应参数即可。正面斜平面二粗（第2次）操作步骤如下：先复制步骤（4）中创建的程序，粘贴到相应文件夹中，再将"切削模式"修改为"往复"，最后更改"指定切削区域底面"，其余参数不用修改。注意：1次只能加工1个面，因为刀轴为"垂直于第一个面"。

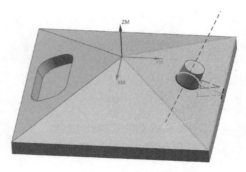

图6-63　生成的刀具路径

正面斜平面二粗（第3、4次）的操作，只需复制正面斜平面二粗（第2次）的工序后更改"指定切削区域底面"即可，完成后生成刀路，如图6-64所示。

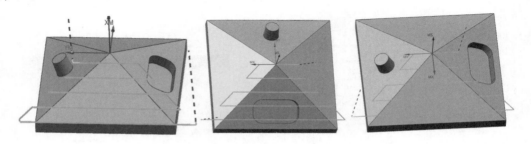

图6-64　正面斜平面二粗其他3个面的刀具路径

（6）正面斜平面凹槽开粗

1）单击"创建工序"按钮，"工序子类型"选择"平面铣" ，"程序"选择"ZM"，"刀具"选择"D10"，"几何体"选择"WORKPIECE_1"，如图6-65所示。

2）进入"平面铣"对话框，在"指定部件边界"处单击按钮 ，进入"边界几何体"对话框，如图6-66所示，"模式"选择"面"，"材料侧"选择"外部"，然后选择凹槽底面，如图6-67所示，单击"确认"按钮退出"边界几何体"对话框。在"指定底面"选项中同样选择图6-67所示底面，单击"确认"按钮完成底面选择。设置"轴"为"垂直于底面"，如图6-68所示。

3）在"刀轨设置"选项中，"切削模式"选择"轮廓"，"步距"选择"刀具平直百分比"，设置"平面直径百分比"为"75"，如图6-69所示。

4）在"切削参数"对话框的"余量"选项卡中，设置"部件余量"为"0.1"，"最终底面余量"为"0.1"，如图6-70所示。

5）在"非切削移动"对话框的"进刀"选项卡中，设置"封闭区域"的"进刀类型"为"沿形状斜进刀"，"斜坡角"为"0.2"，"高度"为"5.2"；设置"开放区域"的"进刀类型"为"线性"，"长度"为"2"，"最小安全距离"为"3"，其余参数默认。如图6-71所示。特别说明："斜坡角"大小是由切削深度决定的，切削深度保证有0.3mm左右的切削量；"高度"是由腔体深度决定的，腔体深度为5mm，考虑留0.1mm余量，刀轴再抬高0.1mm，所以在"高度"文本框中输入"5.2"。

图 6-65　创建工序

图 6-66　设置边界几何体

图 6-67　选取曲面

图 6-68　刀轴设置

图 6-69　刀轨设置

图 6-70　"余量"选项卡设置

119

6）在"进给率和速度"对话框中，设置"主轴速度"为"2500"，"切削"为"2000"，如图 6-72 所示。

图 6-71　进刀方式设置

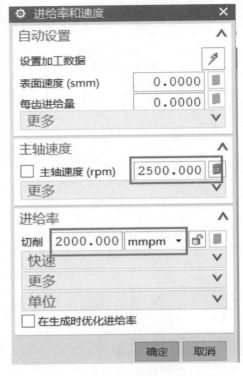

图 6-72　进给率和速度设置

7）生成的刀具路径如图 6-73 所示。

程序编写至此，粗加工全部完成。下面进行精加工程序编写。

3. 精加工程序

（1）正面斜平面凹槽底面精加工

1）复制并粘贴上一步凹槽的开粗程序，然后修改"切削参数"对话框中"余量"选项卡中参数，将"部件余量"修改为"0.15"，"最终底面余量"修改为"0"（注意：只加工底面，不要加工到侧面），如图 6-74 所示。

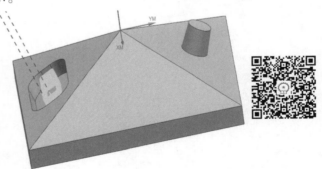

图 6-73　生成的刀具路径

2）在"非切削移动"对话框中，设置"封闭区域"的"进刀类型"为"与开放区域相同"；设置"开放区域"的"进刀类型"为"圆弧"，"半径"为"1.5"，"最小安全距离"为"2"，其余参数默认，如图 6-75 所示。

3）生成的刀具路径如图 6-76 所示。

图 6-74 "余量"选项卡设置

图 6-75 "进刀"选项卡设置

（2）正面斜平面凹槽侧面精加工

1）复制并粘贴上一步生成的精加工程序，然后修改"切削参数"对话框中"余量"选项卡中参数，将"部件余量"修改为"0"，"最终底面余量"修改为"0.02"（注意：只加工侧面，不要加工到底面），如图 6-77 所示。

2）在"非切削移动"对话框中，设置"封闭区域"的"进刀类型"为"与开放区域相同"，设置"开放区域"的"进刀类型"为"圆弧"，"半径"为"1.5"，"最小安全距离"为"2"，其余参数默认，如图 6-78 所示。

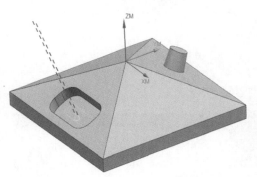

图 6-76 生成刀具路径

图 6-77 "余量"选项卡设置

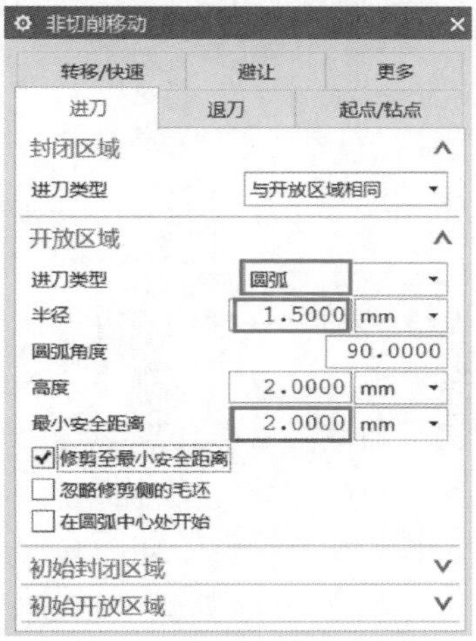

图 6-78 "进刀"选项卡设置

3）生成的刀具路径如图 6-79 所示。

（3）正面斜圆台顶部平面精加工

1）单击"创建工序"按钮，"工序子类型"选择"底壁加工"，"程序"选择"ZM"，"刀具"选择"D10"，"几何体"选择"WORKPIECE_1"，如图 6-80 所示。

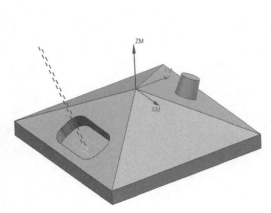

图 6-79　生成刀具路径　　　　　　　　图 6-80　创建工序

2）在"几何体"选项中，指定切削底面，单击按钮 ，选择斜凸台顶部平面，如图 6-81 所示。

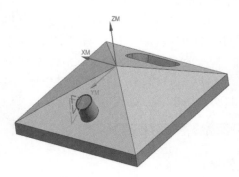

图 6-81　选择切削区底面

3）在"刀轴"选项中设置"轴"为"垂直于第一个面"，如图 6-82 所示。

4）在"刀轨设置"选项中，"切削模式"选择"单向"，"步距"选择"刀具平直百分比"，将"平面直径百分比"设为"90"，如图 6-83 所示。

5）在"切削参数"对话框中，将"空间范围"选项卡中的"第一刀路延展量"修改为"10"，其余参数默认，如图 6-84 所示。

6）在"进给率和速度"对话框中，将"主轴速度"设为"3000"，"切削"设为"400"，如图 6-85 所示。

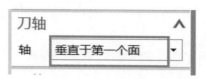

图 6-82 刀轴选择

图 6-83 刀轨设置

图 6-84 "空间范围"选项卡设置

7）其余参数默认即可。生成的刀具路径如图 6-86 所示。

（4）正面斜圆台侧面精加工

1）单击"创建工序"按钮，"类型"选择"mill_multi-axis"，"工序子类型"选择"可变轮廓铣" 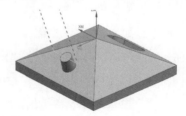，"程序"选择"ZM"，"刀具"选择"D10"，"几何体"选择"MCS"，如图 6-87 所示。特别注意：在"几何体"选项中，多轴加工经常不选"WORKPIECE"。

123

图 6-85 进给率和速度设置

图 6-86 生成的刀具路径

图 6-87 创建工序

2）在"驱动方法"中设置"方法"为"曲面"，会出现弹窗，如图 6-88 所示。单击"确定"按钮进入"驱动几何体"对话框。

图 6-88　选择驱动方法

3）单击按钮 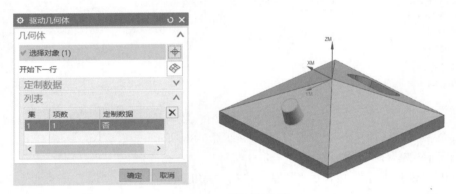，选择正面斜圆台侧面曲面，如图 6-89 所示。单击"确定"按钮退出"驱动几何体"对话框，再次进入"曲面区域驱动方法"对话框。

图 6-89　选择驱动面

4）单击"切削方向"按钮，选择图 6-90 中右图所示方向。注意检查材料方向，材料方向应向外，如果方向不正确，单击"材料反向"按钮 修改。

5）在"投影矢量"选项中设置"矢量"为"刀轴"，在"刀轴"中设置"轴"为"侧刃驱动体"，同时在"指定侧刃方向"选项中单击按钮，选择图 6-91 所示的指向箭头。

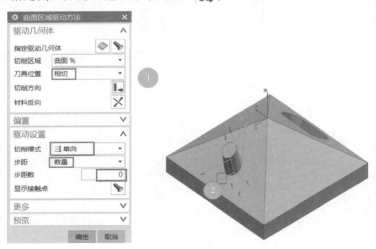

图 6-90　选择切削方向

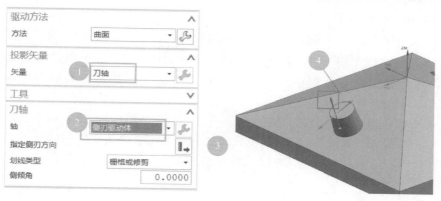

图 6-91　刀轴设置

6）在"非切削移动"对话框中，设置"进刀"选项卡中"进刀类型"为"圆弧-垂直于刀轴"，"半径"为"2"，其余参数默认。如图 6-92 所示。

7）在"进给率和速度"对话框中，设置"主轴速度"为"3000"，"切削"为"400"，如图 6-93 所示。

8）其余参数默认即可，全部参数设置完后，生成的刀具路径如图 6-94 所示。

图 6-92　"进刀"选项卡设置

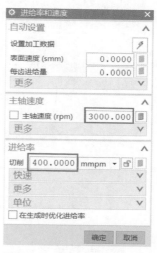

图 6-93　进给率和速度设置

图 6-94　生成的刀具路径

（5）正面斜平面精加工（第1次）

1）单击"创建工序"按钮，"工序子类型"选择"底壁加工" ，"程序"选择"ZM"，"刀具"选择"D10"，"几何体"选择"WORKPIECE_1"，如图6-95所示。

2）在"底壁加工"对话框中，"指定切削区底面"选择正面斜圆台侧斜平面，如图6-96所示。

3）在"刀轴"选项中，设置"轴"为"垂直于第一个面"，如图6-97所示。

4）在"刀轨设置"选项中，"切削模式"选择"往复""步距"选择"刀具平直百分比"，将"平面直径百分比"设为"75"，如图6-98所示。

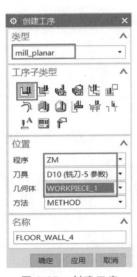

图 6-95　创建工序

图 6-96　选择加工曲面

图 6-98　刀轨设置

刀轴

轴　　　垂直于第一个面

图 6-97　刀轴设置

5）在"切削参数"对话框的"策略"选项卡中，勾选"添加精加工刀路"，设置"刀路数"为"1"，"精加工步距"为"5"；在"余量"选项卡中，设置"部件余量"为"0.1"，"最终底面余量"为"0"，如图6-99所示。

6）在"非切削移动"对话框中，设置"开放"选项卡中"进刀类型"为"线性"，"长度"为"3"，"最小安全距离"为"3"，如图6-100所示。

7）设置"主轴速度"为"3000"，"切削"为"400"，如图6-101所示。

126

8）单击"生成"按钮 ⚑，生成的刀具路径如图 6-102 所示。

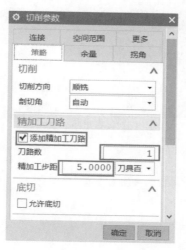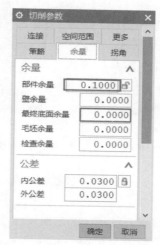

图 6-99 切削参数设置

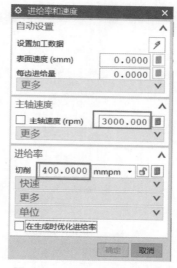

图 6-100 "进刀"选项卡设置

图 6-101 进给率和速度设置

（6）正面斜平面精加工（第 2~4 次）

其余几个面的精加工编程方法与步骤（5）中的程序一样，复制并粘贴程序后，将"指定切削区域"修改为要加工的面，其余参数不用修改。注意 1 次只能加工 1 个面，因为刀轴为"垂直于第一个面"。完成后生成刀具路径，如图 6-103 所示。

三、程序整理及仿真

1）整理编写好的程序。将编写好的程序

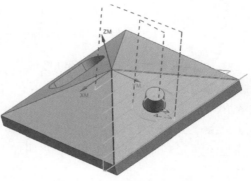

图 6-102 生成的刀具路径

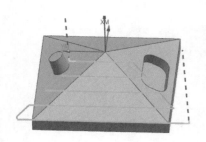

a) 正面斜平面精加工(第2次)

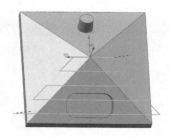

b) 正面斜平面精加工(第3次)

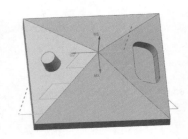

c) 正面斜平面精加工(第4次)

图 6-103　其余几个斜平面的精加工刀具路径

进行整理，重点检查刀具号、加工顺序、主轴转速和进给率，观察加工时间是否合理，调整完成后，程序顺序如图 6-104 所示。

名称	换刀	刀具	刀具号	进给	速度	时间
NC_PROGRAM						00:31:05
未用项						00:00:00
PROGRAM						00:00:00
FM						00:06:07
FLOOR_WALL		D16	1	2000 mmpm	2000 rpm	00:00:28
PLANAR_MILL		D16	1	2000 mmpm	2000 rpm	00:01:23
FLOOR_WALL_COPY		D10	2	400 mmpm	3000 rpm	00:02:56
PLANAR_MILL_COPY		D10	2	400 mmpm	3000 rpm	00:00:56
ZM						00:24:59
CAVITY_MILL		D16	1	2000 mmpm	2000 rpm	00:17:22
FLOOR_WALL_1		D16	1	1500 mmpm	2000 rpm	00:00:02
ZLEVEL_PROFILE		D16	1	2000 mmpm	2000 rpm	00:00:21
FLOOR_WALL_2		D16	1	1500 mmpm	2000 rpm	00:00:18
FLOOR_WALL_2_CO...		D16	1	1500 mmpm	2000 rpm	00:00:17
FLOOR_WALL_2_CO...		D16	1	1500 mmpm	2000 rpm	00:00:15
FLOOR_WALL_2_CO...		D16	1	1500 mmpm	2000 rpm	00:00:15
PLANAR_MILL_1		D10	2	2000 mmpm	2800 rpm	00:00:47
PLANAR_MILL_1_C...		D10	2	2000 mmpm	2800 rpm	00:00:02
PLANAR_MILL_1_C...		D10	2	2000 mmpm	2800 rpm	00:00:02
FLOOR_WALL_3		D10	2	400 mmpm	3000 rpm	00:00:05
VARIABLE_CONTOUR		D10	2	400 mmpm	3000 rpm	00:00:11
FLOOR_WALL_4		D10	2	400 mmpm	3000 rpm	00:01:21
FLOOR_WALL_4_CO...		D10	2	400 mmpm	3000 rpm	00:01:11
FLOOR_WALL_4_CO...		D10	2	400 mmpm	3000 rpm	00:01:03
FLOOR_WALL_4_CO...		D10	2	400 mmpm	3000 rpm	00:01:03

工序导航器 - 程序顺序

图 6-104　程序顺序图

2）程序仿真加工。在"刀轨可视化"对话框中对所有程序进行仿真加工，选择"3D动态"选项卡，动画速度可自行调节至合适位置，便于观察即可。仿真后产生的结果如图 6-105 所示。

单击"按颜色显示厚度"按钮，仿真模型会重新生成，如图 6-106 所示。图中可以观察加工状态，平面位置都是绿色，表明加工余量为 0，圆角处有橙黄色，这个是正常的显示颜色。

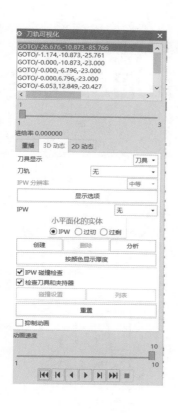

图 6-105　程序仿真加工结果

129

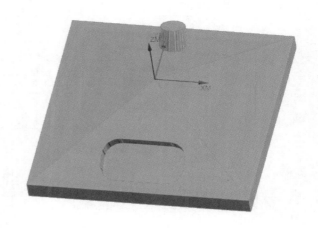

图 6-106　程序仿真加工结果（按颜色厚度显示）

项目七 圆柱棱台的建模和加工编程

任务一 建 模

一、零件图

图 7-1 所示为圆柱棱台零件图。

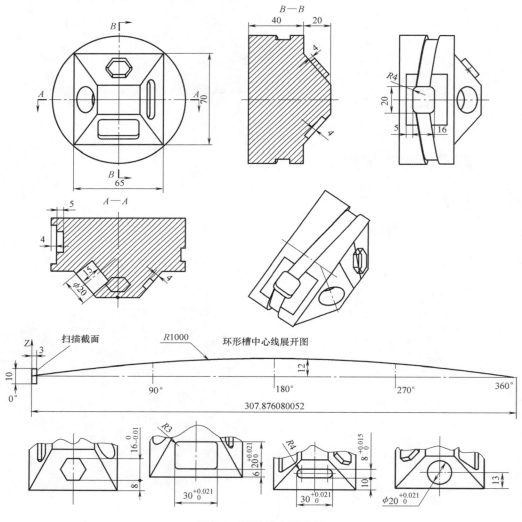

图 7-1 圆柱棱台零件图

二、3D 建模

1. 建模的思路和步骤

圆柱棱台的最终建模结果如图 7-2 所示。具体建模步骤如下。

1）先建 ϕ98mm×40mm 圆柱体，再加入方台。注意：要保证建模坐标系在方台上表面，这样在加工时，加工坐标系和建模坐标系能够重合，不会产生坐标移动。

2）用"拔模"命令得到棱台。

3）在棱台的四个斜面上分别建立方槽、圆孔、六方台和长窄槽。

4）在圆柱体的左侧相切面建立环形槽中心线的草图曲线，并缠绕到圆柱体表面。

5）绘制出扫描截面的草图曲线。

6）用"扫掠"命令建立环形槽，注意参数的选择，并且先不要对圆柱体做"布尔"运算"求差"。

图 7-2　实体模型

7）在圆柱体左侧面分别创建 30mm×20mm×4mm 和 20mm×16mm×5mm 的 2 个矩形槽。

8）用扫掠体对已挖槽的圆柱体求差，得到模型。

2. 圆柱体和方台建模

1）单击"文件"→"新建"命令按钮，弹出"新建文件"对话框。在"名称"文本框中输入"圆柱棱台"，"单位"选择"毫米"，单击"确定"按钮，进入绘图界面。

2）单击"插入"→"设计特征"→"圆柱体"按钮，设置"指定点"为"0，0，-60"，"指定矢量"为 Z 轴正方向，"直径"为"98"，"高度"为"40"，单击"确定"按钮创建圆柱体。

3）单击"插入"→"设计特征"→"垫块"→"矩形"按钮，在刚创建的圆柱体上表面建立长度（X 方向）为 65mm，宽度（Y 方向）为 70mm，高为 20mm 的方台，在"定位"对话框中选"按一定距离平行"，然后分别选 Y 轴和方台中心线，在"创建表达式"对话框中输入"0"，再用同样的方法对 X 轴和其对应的方台中心线进行操作如图 7-3 所示。

3. 拔模方台成棱台

单击"插入"→"细节特征"→"拔模"按钮，"指定矢量"选择 Z 轴，设置"拔模方法"为"固定面"，选择圆柱体上表面为固定面，设置"角度 1"为"40"，选择方台与 X 轴平行的两侧面为"要拔模的面"，单击"添加新集"按钮，设置"角度 2"为"50"，选择方台与 Y 轴平行的两侧面为"要拔模的面"，单击"确定"按钮完成拔模。注意：先选要拔模的平面，再选平面，最后得到棱台，如图 7-4 所示。

4. 在棱台的四个斜面上分别建立方槽、圆孔、六方台和长窄槽

1）在 Y 轴负方向的斜面上建立方槽。

单击"插入"→"设计特征"→"腔体"→"矩形"按钮，先选择放置面为 Y 轴负方向的斜面，再选水平参考为圆柱体上表面，最后输入槽的"长度"为"30"，"宽度"为"20"，"深度"为"4"，"拐角半径"为"3"，如图 7-5 所示。

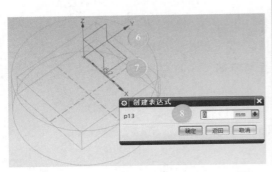

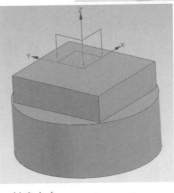

图 7-3 创建方台

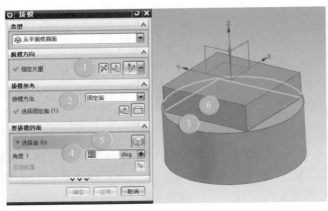

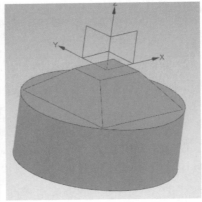

图 7-4 棱台

132

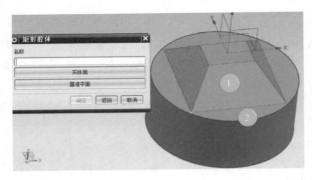

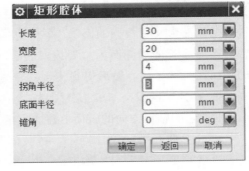

图 7-5 创建方槽

确定放置位置，选"按一定距离平行"，选择 Y 轴与 Y 轴方向中心线，在"创建表达式"对话框中输入"0"，用同样的方法设置 X 轴方向中心线与斜面底边距离为 16mm，如图 7-6 所示。

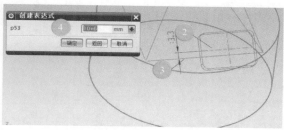

图 7-6　方槽定位

2）同样在 X 轴正向的斜面上建立长窄槽。

设置"长度""宽度""深度"分别为"30""8"和"4"，设置"拐角半径"为"3.9999"，设置与 X 轴同向的槽的中心线与 X 轴距离为 0mm，与 Y 轴同向的中心线与斜面底边距离为 14mm，如图 7-7 所示。

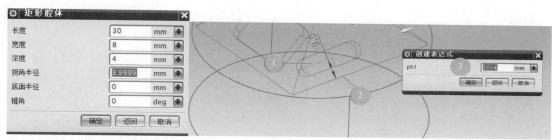

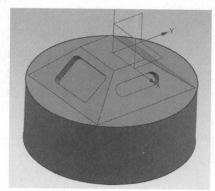

图 7-7　长窄槽

3）在 X 轴负方向的斜面上建立圆孔。

先画直线，再建立圆孔中心点，最后打孔。

① 画直线：单击"插入"→"草图曲线"→"直线"按钮，然后分别选择斜面上下边线的中点，得到直线，如图 7-8 所示。

② 画圆孔中心点：单击"插入"→"基准/点"→"点"按钮，在"点"对话框中设置"类型"为"点在曲线上/边上""位置"为"弧长"，"弧长"为"13"，再选步骤①中创

建的直线，得到点，如图 7-8 所示。

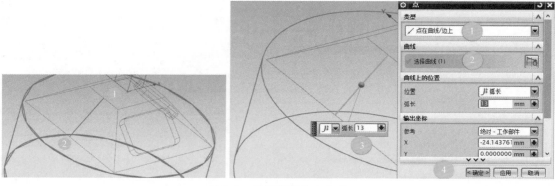

图 7-8　直线和圆孔中心点

③ 最后创建圆孔，单击"插入"→"设计特征"→"孔"按钮，参数设置如图 7-9 所示，选刚建的点为孔中心，建立圆孔。

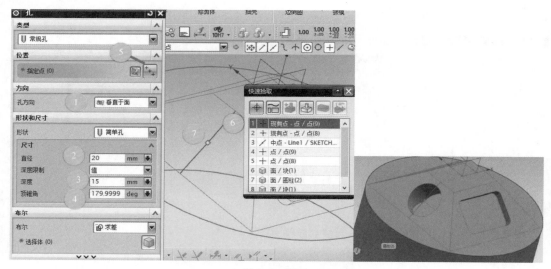

图 7-9　圆孔

4）在 X 轴正方向的斜面上建立六方台。

同样先画直线，再建立六方台的中心点，最后创建六方台。

① 用与步骤 3）中一样的方法画直线和点，但"弧长"设置为"8+8"，如图 7-10 所示。

② 画六边形：单击"插入"→"草图曲线"→"多边形"按钮，打开"多边形"对话框，对话框内的参数设置如图 7-11 所示，选刚建的点为六边形中心，建立六边形。注意：六边形要建立在倾斜面上。

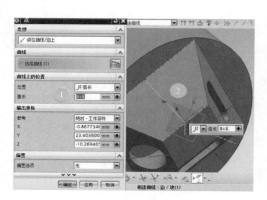

图 7-10　画六边形中心点

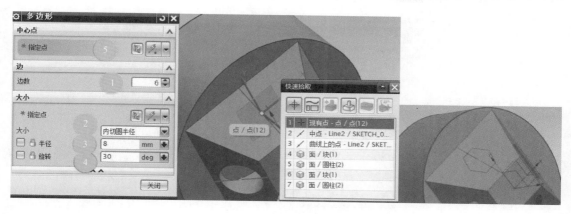

图 7-11　画六边形

③ 最后拉伸六边形建六方台，设置"布尔"为"求和"，如图 7-12 所示。

5. 在圆柱体侧面建立缠绕曲线和槽

1）在 X 轴负方向与圆柱相切的平面上绘制环形槽中心线。

单击"插入"→"基准平面"按钮，建立与圆柱体侧面相切的基准平面，如图 7-13 所示。

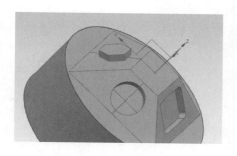

图 7-12　创建六方台

图 7-13　基准平面

用光标拖住小球扩大基准平面，再单击"插入"→"在任务环境中绘制草图"按钮，建立环形槽中心线，其中圆弧长度为圆周长，约等于 307.876mm，如图 7-14 所示。

2）把环形槽中心线缠绕到圆柱侧面上。

单击"插入"→"派生曲线"→"缠绕/展开曲线"按钮，建立缠绕曲线，如图 7-15 所示。

3）在 X-Z 平面上绘制扫描 10mm×5mm 矩形截面曲线。

单击"插入"→"在任务环境中绘制草图"按钮，建立矩形草图曲线，各曲线尺寸如图 7-16 所示。

4）用扫掠建立环形槽。

单击"插入"→"扫掠"→"扫掠"按钮，勾选"保留形状"，设置"方向"为"面的法向"并选择圆柱体侧面，其他参数设置如图 7-17 所示。

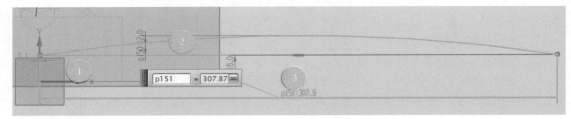

图 7-14　环形槽中心线展开草图

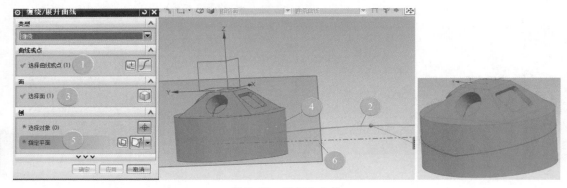

图 7-15　缠绕中心线

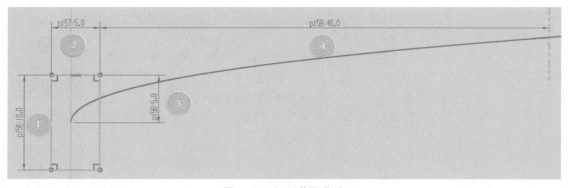

图 7-16　矩形草图曲线

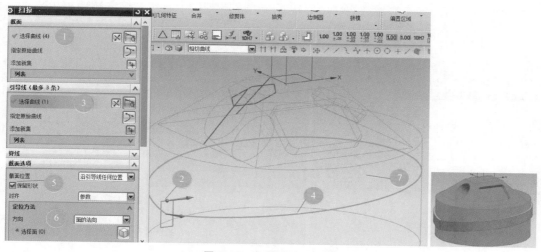

图 7-17 扫掠建立环形槽

5）在 X 负方向的圆柱体侧面创建两个槽。

单击 "插入" → "在任务环境中绘制草图" 按钮，建立 30mm×10mm 矩形草图作为槽的截面，如图 7-18 所示。

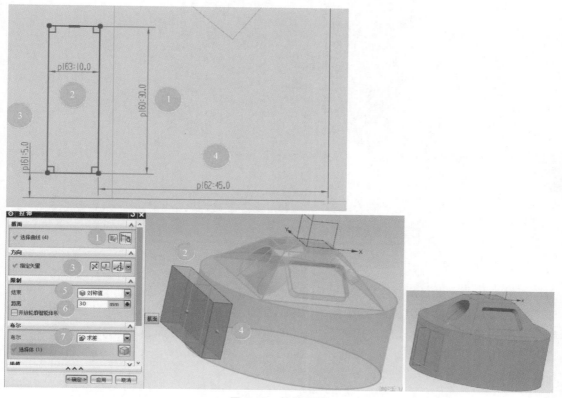

图 7-18 拉伸切槽

单击 "插入" → "设计特征" → "腔体" → "矩形" 按钮，建立 20mm×16mm×5mm 长方体槽，其定位为垂直方向中心线与圆柱中心线重合，水平方向中心线与槽底边距离 13mm，如图 7-19 所示。

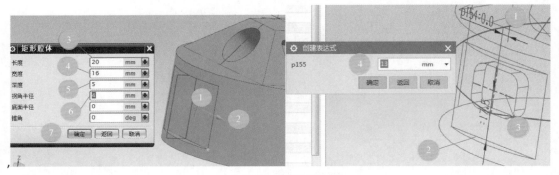

图 7-19　矩形腔体

6）做"布尔"运算"求差"，把前面扫掠建立环形槽作为工具体减去棱台实体，得到如图 7-20 所示实体。

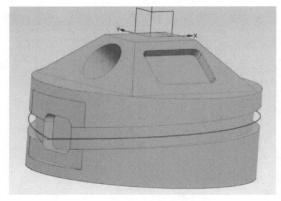

图 7-20　棱台实体

任务二　加 工 工 艺

一、工艺分析

毛坯材料为硬铝 2A12，其直径为 100mm，长为 60mm。毛坯底面攻 4 个 M8 螺纹孔与 3R 夹具孔配合，装上机床工作台。该零件的加工方法与四面体的加工方法类似，棱台和其上的槽及六边形凸台使用定轴加工的方法，可参考四面体加工；侧面的槽和型腔也是使用定轴加工的方法，侧面环形槽的加工法与项目三中从动轴的螺旋槽的加工方法类似。

二、程序编写流程及加工工序卡

圆柱棱台的加工工序卡见表 7-1。

表 7-1 圆柱棱台的加工工序卡

工步号	工步名	编程方法	加工部位和余量	刀具号	刀具规格	主轴转速/(r/min)	进给速度/(mm/min)	刀轴	备注
1	粗加工	型腔铣	棱台,底面留0.2mm,侧面留0.3mm	1	D12	10000	5000	+ZM轴	见图7-21a
2	粗加工	平面铣	方槽和孔,底面留0.1mm,侧面留0.2mm	2	D10	12000	5000	垂直于底面	见图7-21b
3	粗加工(槽宽8mm,故选直径6mm刀具)	平面铣	长窄槽,底面留0.1mm,侧面留0.2mm	4	D6	15000	5000	垂直于底面	见图7-21b
4	粗加工	面铣	六方台,底面留0.1mm,侧面留0.2mm	3	D8	12000	5000	垂直于底面	见图7-21b
5	粗加工	型腔铣	侧面两槽,底面留0.1mm,侧面留0.2mm	2	D10	12000	5000	XC轴(反向)	见图7-21c
6	粗加工	可变轮廓铣	环形槽,底面留0.1mm,侧面留0.2mm	3	D8	12000	5000	远离直线	见图7-21c
7	加工	面铣	棱台3个侧面和六方台上表面	2	D10	12000	5000	垂直于第一个面	见图7-21d
8	精加工	平面铣	孔和方槽	3	D8	12000	5000	垂直于底面	见图7-21f
9	精加工	平面铣	长窄槽	4	D6	15000	5000	垂直于底面	见图7-21f
10	精加工	平面铣	六方台侧面	4	D6	15000	5000	垂直于底面	见图7-21e
11	精加工	型腔铣	侧面两槽	5	新D8	12000	5000	-XC	见图7-21g
12	精加工	可变轮廓铣	环形槽	5	新D8	12000	5000	远离直线	见图7-21h

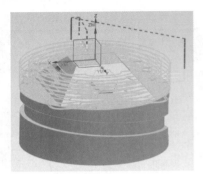

a) 棱台粗加工

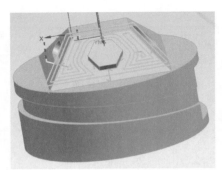

b) 孔、方槽、长窄槽和六方台粗加工

c) 侧面两槽和环形槽粗加工

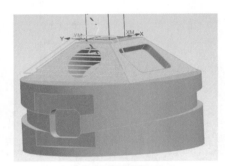

d) 棱台3个侧面精加工

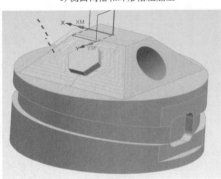

e) 六方台侧面精加工

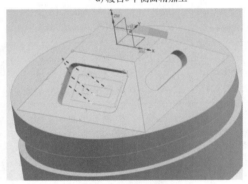

f) 方槽、圆孔和长窄槽精加工

g) 侧面两槽精加工

h) 侧面环形槽精加工

图 7-21　程序编写流程

任务三 加工编程准备

一、几何准备

1）设置加工坐标系，将圆柱毛坯上表面中心点指定为加工坐标系原点，如图 7-22 所示。

2）几何体的设置。先创建毛坯的几何体"MAO"，在其下面创建部件几何体"WORKPIECE"，如图 7-22 所示。

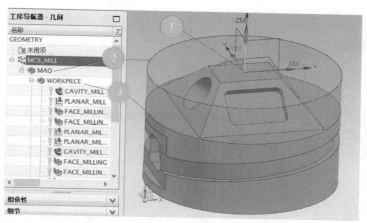

图 7-22 设置加工坐标系和创建几何体

二、刀具准备

创建 5 把刀具，如图 7-23 所示。

三、程序顺序准备

根据图 7-24 所示，设置 7 个文件夹，分别存放相应的加工程序。

图 7-23 设置加工刀具（5 把）　　　　　　图 7-24 设置程序顺序

任务四　编写加工程序

一、编写型腔铣粗加工程序（棱台）

1）单击"创建工序"按钮，设置"类型"为"mill contour"，"工序子类型"为"型腔铣"，其他参数设置如图 7-25 所示。

2）其他参数设置参考项目四中平台的型腔铣参数，但刀轴为默认+ZM，单击"切削层"按钮 ，进入"切削层"对话框，设置"每刀切削深度"为"0.5"，"范围深度"为"20"，如图 7-26 所示。生成刀具路径。

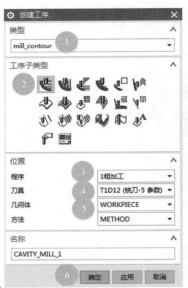

图 7-25　创建型腔铣工序

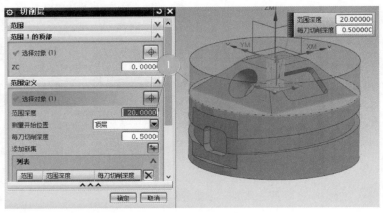

图 7-26　设置切削层深度

二、编写孔、方槽和长窄槽粗加工程序

1）创建工序，设置"类型"为"mill_planar"，"工序子类型"中选"平面铣" ，其余参数设置如图 7-27 所示。

2）"指定部件边界"选孔边缘曲线，"指定底面""选孔底面"，如图 7-28 所示。

3）设置"轴"为"垂直于底面"，"切削模式"为"轮廓"，"步距"为"恒定"，"最大距离"为"1"，"附加刀路"为"3"，如图 7-29 所示。

4）设置切削参数。单击"切削参数"按钮 ，选择"余量"选项卡，设置"部件余量"为"0.3"，"最终底面余量"为"0.1"，如图 7-30 所示。

5）设置非切削移动参数。单击"非切削移动"按钮 ，选择"进刀"选项卡，设置"进刀类型"为"螺旋"，"斜坡角"为"1"，"高度"为"1"，如图 7-31 所示；选择"转移/快速"选项卡，并设置"转移类型"为"前一平面"，减少空刀行程，单击"确定"按钮。

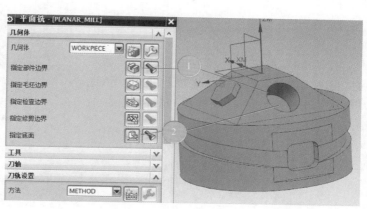

图 7-27　创建平面铣工序

图 7-28　选几何体

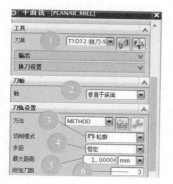

图 7-29　刀轴和刀轨设置

图 7-30　设置切削参数

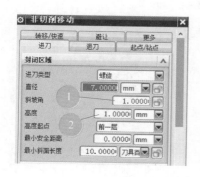

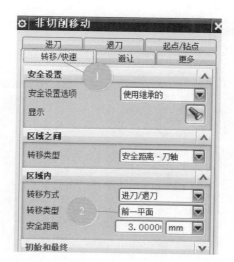

图 7-31　设置非切削移动参数

6）设置进给率和速度。将"主轴速度"设为"12000"，"切削"设为"5000"，单击"确定"按钮。

7）单击"生成"按钮，生成刀具路径，如图7-32所示。

8）用同样的方法生成方槽和长窄槽的粗加工程序。注意：长窄槽的宽度为8mm，因此刀具直径要小于8mm，故选用直径为6mm的铣刀，如图7-33所示。

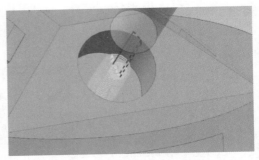

图7-32　生成孔粗加工刀具路径

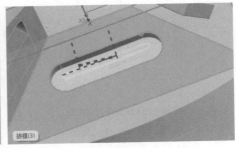

图7-33　生成方槽和长窄槽的粗加工刀具路径

三、编写六方台的粗加工程序

1）创建工序，设置"类型"为"mill_planar""工序子类型"为"面铣"，"刀具"为"T3D8"，如图7-34所示。

2）"指定部件"选择模型实体，"指定面边界"选择六方所在平面，"切削模式"设置为"跟随周边"，"步距"设置为"恒定"，"最大距离"设置为"2"，如图7-35所示。

144

图7-34　创建面铣工序

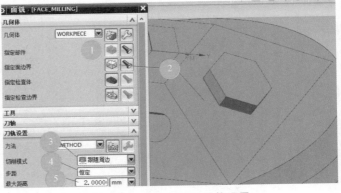

图7-35　选几何体和刀轨设置

3）设置"轴"为"垂直于底面"；侧面留余量 0.2mm，生成刀具路径，如图 7-36 所示。

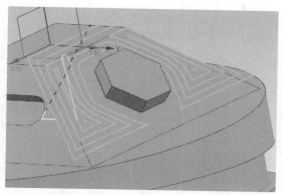

图 7-36 生成六方台粗加工刀具路径

四、编写侧面两槽粗加工程序

1）复制棱台型腔铣程序，粘贴在"侧面两槽和环形槽粗加工"文件夹中。

2）指定切削区域为两个侧面槽，如图 7-37 所示。

图 7-37 设置切削区域

3）设置刀轴方向。设置"轴"为"指定矢量"，选择"XC轴"，单击"反向"按钮。

4）生成刀具路径，如图 7-38 所示。

五、编写侧面环形槽粗加工程序（可变轮廓铣）

1）单击"创建工序"按钮，设置"类型"为"mill_multi-axis"，"工序子类型"为"可变轮廓铣"。注意："几何体"选"MAO"。

2）不用指定部件和切削区域，设置"方法"为"曲面"，在"曲面区域驱动方法"对话框中

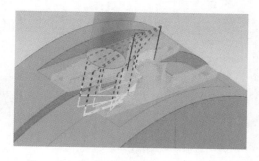

图 7-38 生成侧面两槽粗加工刀具路径

设置"切削模式"为"螺旋","步距"为"数量","步距数"为"8";指定环形槽侧面为驱动几何体;因为槽宽为10mm,刀具直径为8mm,故在粗加工走刀中设置"曲面偏置"为"1",如图7-39所示。

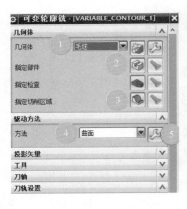
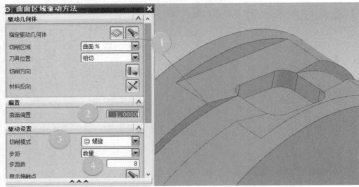

图7-39　设置驱动方法

3)"投影矢量"参数默认,设置"轴"为"远离直线",其他参数设置可参考项目二中凸轮槽粗加工中的方法。

4)设置"主轴速度"为"12000","切削"为"5000"。生成刀具路径,如图7-40所示。

六、编写棱台3个斜面的精加工程序

1)创建工序,设置"类型"为"mill_planar","工序子类型"为"面铣", "刀具"为"T2 D10",其余参数设置如图7-41所示。

图7-40　生成环形槽粗加工刀具路径

图7-41　创建面铣工序

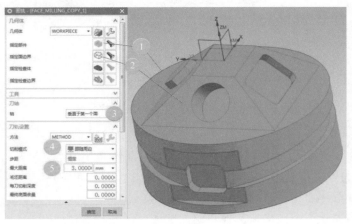

图7-42　选几何体和刀轨设置

2）"指定面边界"选择棱台 X 轴负方向斜面；设置"轴"为"垂直于第一个面"，"切削模式"为"跟随周边"，"步距"为"恒定"，"最大距离"为"3"，如图 7-42 所示。

3）设置"刀路方向"为"向内"，"毛坯距离"为"3"，"余量"参数都为"0"，如图 7-43 所示。

图 7-43　设置切削参数

4）设置"主轴速度"为"12000"，"切削"为"5000"。

5）生成刀具路径，如图 7-44 所示。

6）复制刚创建的程序，粘贴生成 X 轴正向和 Y 轴负向的棱台斜面精加工程序，只需修改"指定面边界"即可，如图 7-45 所示。

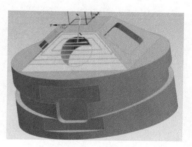

图 7-44　生成 X 轴负方向的棱台斜面精加工刀具路径

七、编写六方台顶面和侧面的精加工程序

1）复制六方台侧面粗加工程序，粘贴到"5 六方台顶面和侧面精加工"文件夹中，修改相应参数，如图 7-46 所示。

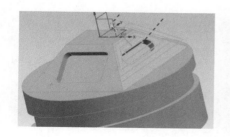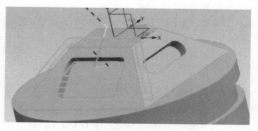

图 7-45　生成 X 轴正向和 Y 轴负向的棱台斜面精加工刀具路径

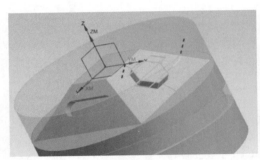

图 7-46　参数设置

2）生成六方台顶面和侧面精加工刀具路径，如图 7-47 所示。

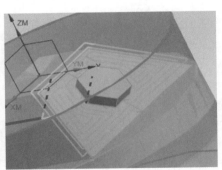

图 7-47　六方台顶面和侧面精加工刀具路径

八、编写侧面两槽的精加工程序

1）复制侧面两槽的型腔铣粗加工程序，粘贴到"7 侧面两槽和环形槽精加工"文件夹中，如图 7-48 所示。

2）设置"切削模式"为"跟随周边"，"步距"为"恒定"，"最大距离"为"2"，"公共每刀切削深度"为"4"，如图 7-49 所示。

3）生成刀具路径，如图 7-50 所示。

九、编写侧面环形槽的精加工程序

1）复制环形槽的粗加工程序（可变轮廓铣），粘贴到"7 侧面两槽和环形槽精加工"文件夹中。

2）分别选环形槽的两个侧面进行精加工，如图 7-51 所示。

3）生成刀具路径，如图 7-52 所示。

图 7-48　侧面槽精加工程序

图 7-49　设置切削参数

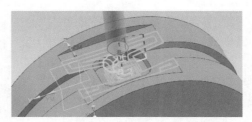

图 7-50　侧面两槽精加工刀具路径

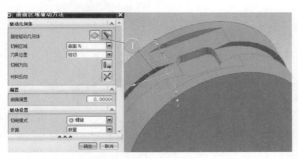

图 7-51　设置驱动方法

图 7-52　侧面环形槽的精加工刀具路径

透平叶片的加工编程

任务一　加工工艺

一、工艺分析

透平叶片（图 8-1）是透平机械（如汽轮机、燃气轮机、水轮机等）中用以引导流体按一定方向流动，并推动转子旋转的重要部件。该零件叶身较长、叶片壁薄，加工过程中应注意防止叶片变形。叶片由叶身、叶根和底座组成，因为叶身部分对加工质量要求高，所以采用一条加工程序完成加工，避免接刀痕的产生。

毛坯材料为硬铝 2A12，其直径为 80mm，长为 100mm。毛坯底面打两个螺纹孔 M8，间隔距离为 54mm，用螺钉和自定心夹具相连接，装在机床工作台上。

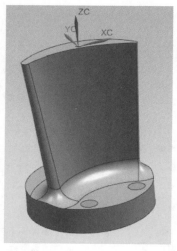

图 8-1　透平叶片

二、程序编写流程及工序卡

因为叶片壁薄，为了防止其因加工受力而变形，采取以下措施：

1）先加工叶身背面，后加工叶身正面。

2）叶身背面粗加工完成后，马上安排其半精加工，叶身背面全部加工完成后，再进行叶身正面的粗加工和半精加工。

3）精加工时主轴转速为 15000r/min，切削量少，留 0.1mm 的余量，切削进给率为 5000mm/min。

透平叶片的加工工序卡见表 8-1。

表 8-1　透平叶片的加工工序卡

工步号	工步名	编程方法	加工部位	刀具号	刀具规格	主轴转速/(r/min)	进给速度/(mm/min)	刀轴	备注
1	粗加工	型腔铣	叶片背面（凸）	1	D12	10000	5000	+YC 轴	见图 8-2a
2	半精加工	深度轮廓加工	叶身背面（凸）	2	R5	14000	5000	+YC 轴	见图 8-2b

（续）

工步号	工步名	编程方法	加工部位	刀具号	刀具规格	主轴转速 /(r/min)	进给速度 /(mm/min)	刀轴	备注
3	粗加工	型腔铣	叶身正面（凹）	1	D12	10000	5000	-YC 轴	见图 8-2c
4	半精加工	深度轮廓加工	叶身正面（凹）	2	R5	14000	5000	-YC	见图 8-2d
5	精加工	可变轮廓铣	叶身	3	R5N	15000	5000	相对于矢量（侧倾角-70°）	见图 8-2e
6	精加工	可变轮廓铣	叶根	3	R5N	15000	5000	相对于矢量（侧倾角-70°）	见图 8-2f
7	精加工	固定轮廓铣	底座（背面）	3	R5N	15000	5000	指定矢量（45°）	见图 8-2g
8	精加工	固定轮廓铣	底座（正面）	3	R5N	15000	5000	指定矢量（-45°）	见图 8-2h

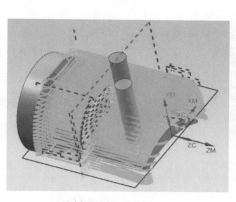

a) 型腔铣粗加工(叶身背面)

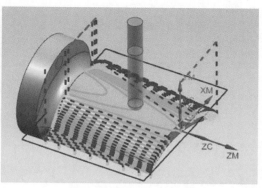

b) 深度轮廓加工(叶身背面半精加工)

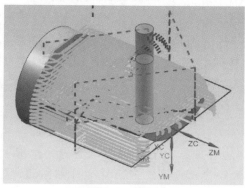

c) 型腔铣粗加工(叶身正面)

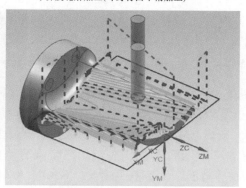

d) 深度轮廓加工(叶身正面半精加工)

图 8-2 程序编写流程

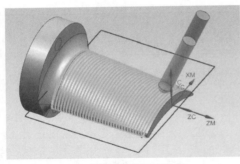
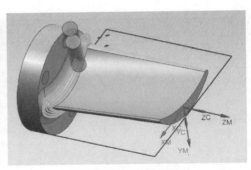

e) 可变轮廓铣精加工(叶身)　　　　　　　f) 可变轮廓铣精加工(叶根)

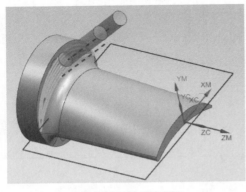
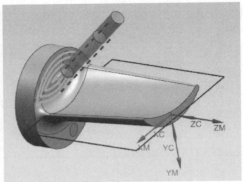

g) 固定轮廓铣精加工(底座背面)　　　　　h) 固定轮廓铣精加工(底座正面)

图 8-2　程序编写流程（续）

任务二　加工编程准备

一、几何准备

1. 加工坐标系的设置

1）打开透平片的模型文件，将"图层 11"设置为可选，显示出圆柱体毛坯。

2）在"工序导航器几何"中创建加工坐标系。

单击"创建几何体"按钮，弹出"创建几何体"对话框后，单击"MCS"按钮，再单击"确定"按钮，进入"MCS"对话框，单击按钮🔩，进入"CSYS"对话框，如图 8-3a 所示，单击按钮🔩，进入"点"对话框，设置"类型"为"圆弧中心/椭圆中心/球心"，然后选中圆柱毛坯上表面的圆心为加工坐标系原点，如图 8-3b 所示。

3）旋转 XM 轴，使 XM 轴与修剪边界重合。

单击"显示和隐藏"按钮，把隐藏的修剪边界曲线打开。捕捉圆心点，选择"旋转点"，在"角度"文本框中输入"-40"，按【Enter】键确认。把 YM 坐标轴移动到与曲线平行处，最后得到加工坐标系，ZM 轴垂直于圆柱上表面向上，YM 轴方向与修剪边界方向相同，如图 8-3c 所示。

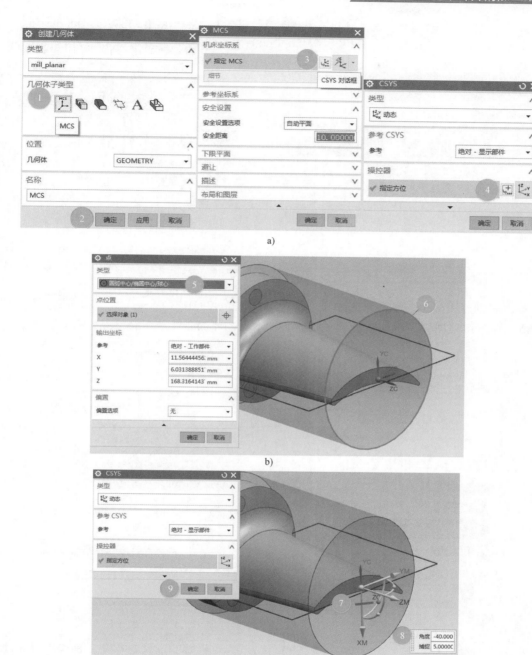

图 8-3 设置加工坐标系

2. 几何体的设置

创建几何体，先创建"毛坯"几何体，再在其下面创建"WORKPIECE"几何体，这样多轴加工时刀路才能进行仿真。

1）先设置"指定毛坯"，毛坯选圆柱体，命名为"毛坯"，如图 8-4 所示。

153

2) 再设置"指定部件",选叶身和三个补孔面,命名为"WORKPIECE",如图 8-5 所示。

图 8-4 设置几何体

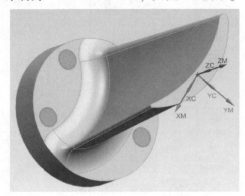

图 8-5 设置 WORKPIECE (部件)

二、刀具准备

单击"创建刀具"按钮,创建 3 把刀具,第 1 把"T1D12"平刀用于粗加工,第 2 把"T2R5"球头铣刀用于半精加工,第 3 把"T3R5N"用于精加工,如图 8-6 所示。

图 8-7 设置程序顺序

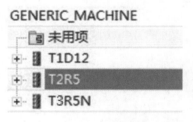

图 8-6 创建加工刀具 (3 把)

三、程序顺序准备

单击"创建程序"按钮,创建"1 叶身背面粗和半精加工""2 叶身正面粗和半精加工"和"3 精加工"3 个文件夹,分别放粗加工、半精加工和精加工程序,如图 8-7 所示。

任务三 编写加工程序

一、编写型腔铣粗加工程序 (叶身背面)

1) 单击"创建工序"按钮,设置"类型"为"mill_contour","工序子类型"为"型腔铣",其他参数设置如图8-8所示。

2)进入"型腔铣"对话框,在"刀轨设置"里将"切削模式"改为"跟随周边",设置"平面直径百分比"为"45",在"指定修剪边界"选项中单击按钮，进入"修剪边界"对话框,将"修剪侧"改为"外部",接着依照顺时针或逆时针方向选择叶身背面边界曲线,其余参数设置如图8-9所示,单击"确定"按钮退出当前对话框。

3)设置"刀轴"为"指定矢量",单击按钮，进入"矢量"对话框,设置"类型"为"YC轴",如图8-10所示。单击"确定"按钮完成刀轴设置。

4)接着单击"切削层"按钮，进入"切削层"对话框,把"最大距离"的值改为"0.5"。在"范围定义"里把"范围深度"的值定为"50",如图8-11所示。单击"确定"按钮完成切削层设置。

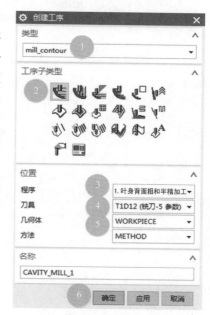

图 8-8 创建型腔铣工序

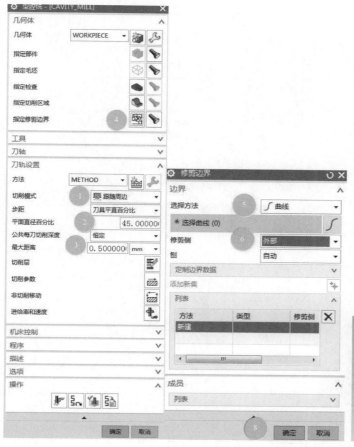

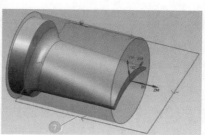

图 8-9 设置刀轨参数和修剪边界

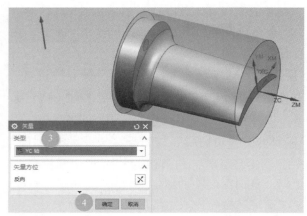

图 8-10　设置刀轴

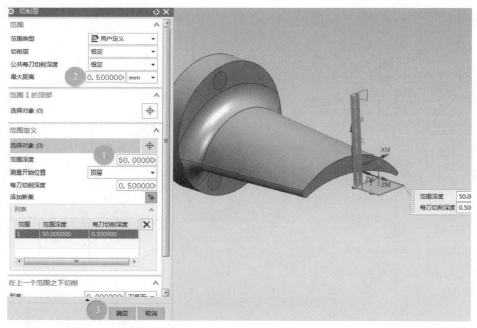

图 8-11　设置切削层深度

5）在"型腔铣"对话框中，单击"切削参数"按钮 ⬚，依据图 8-12 所示修改参数，单击"确定"按钮退出当前对话框。

6）在"型腔铣"对话框中，单击"非切削参数"按钮 ⬚，依据图 8-13 所示修改参数，单击"确定"按钮退出当前对话框。

图 8-12 设置切削参数

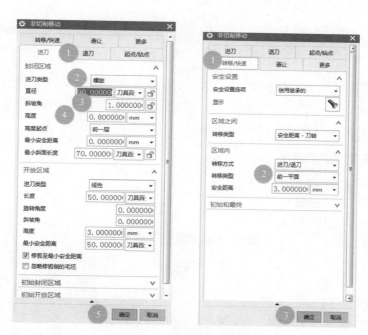

图 8-13 设置非切削移动参数

7）在"型腔铣"对话框中，单击"进给率和速度"按钮 ，进入"进给率和速度"对话框，将"主轴速度"设为"10000"，"切削"设为"5000"，单击"确定"按钮退出当前对话框。

8）在"型腔铣"对话框中单击"生成"按钮，生成刀具路径，如图 8-14 所示。

二、编写深度轮廓加工程序（叶身背面半精加工）

1）创建工序，设置"类型"为"mill_contour"，"工序子类型"为"深度轮廓加工"，"程序"为"叶身背面粗和半精加工"，"刀具"为"T2R5"，"几何体"为"WORKPIECE"，如图8-15所示。

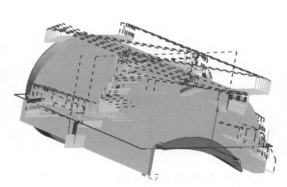

图8-14　生成型腔铣粗加工刀具路径

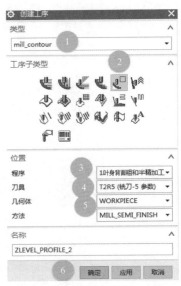

图8-15　创建深度轮廓加工工序

2）在"深度轮廓加工"对话框中将"公共每刀切削深度"设置为"恒定"，"最大距离""设置为0.2"；单击"指定切削区域"选项处按钮💽，进入"切削区域"对话框，选择叶身背面为要加工的曲面，如图8-16所示，完成后单击"确定"按钮。

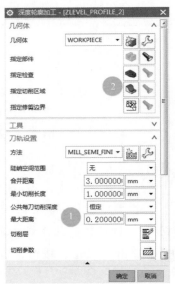

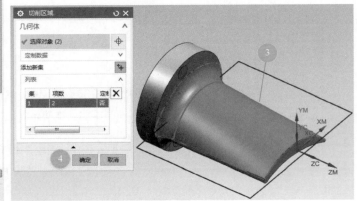

图8-16　设置刀轨参数和切削区域

3）设置修剪边界。按图 8-17 所示设置"修剪边界"对话框中的参数。

4）设置刀轴。在"刀轴"选项处设置"轴"为"指定矢量"，单击按钮 ，进入"矢量"对话框，设置"类型"为"YC轴"，如图 8-18 所示。单击"确定"按钮完成刀轴设置。

5）设置切削层。单击"切削层"按钮 ，设置"范围深度"为"30"，其他参数设置如图 8-19 所示。

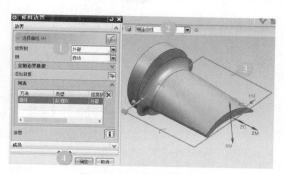

图 8-17 设置修剪边界

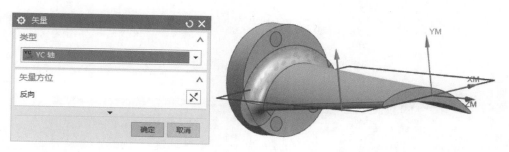

图 8-18 设置刀轴

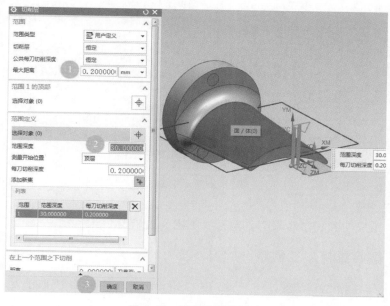

图 8-19 设置切削层深度

6）设置切削参数。单击"切削参数"按钮 ，按图 8-20 所示设置切削参数。

7）设置非切削移动参数。单击"非切削参数"按钮 ，按图 8-21 所示设置非切削移动参数，完成设置后单击"确定"按钮退出当前对话框。

159

图 8-20　设置切削参数

图 8-21　设置非切削移动参数

8）设置进给率和速度。"主轴速度"设为"14000"，"切削"设为"5000"，完成设置后单击"确定"按钮。

9）单击"生成"按钮，生成刀具路径，如图 8-22 所示。

三、编写型腔铣粗加工程序（叶身正面）

1）复制叶身背面型腔铣程序，粘贴在"2 叶身正面粗和半精加工"文件夹中，如图 8-23 所示。

2）设置刀轴方向。将刀轴矢量改为"–YC 轴"，如图 8-24 所示。

3）设置切削层深度，"切削层"对话框中的参数设置如图 8-25 所示。

4）生成刀具路径。会有图 8-26a 所示弹窗出现，按"确定"按钮，最后生成刀具路径如图 8-26b 所示。

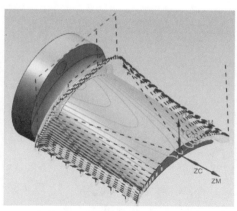

图 8-22　生成深度轮廓加工刀具路径

图 8-23　复制型腔铣粗加工程序

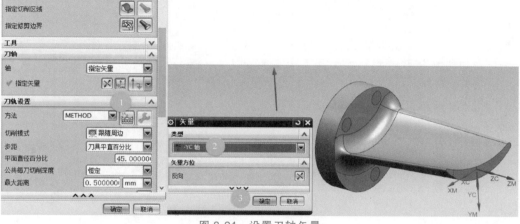

图 8-24　设置刀轴矢量

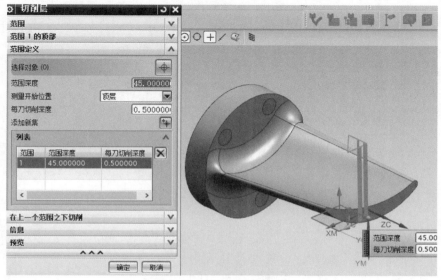

图 8-25　设置切削层参数

图 8-26　生成叶身正面型腔铣粗加工刀具路径

四、编写深度轮廓加工程序（叶身正面半精加工）

1）复制叶身背面深度轮廓加工程序，粘贴在"2叶身正面粗和半精加工"文件夹中，如图 8-27 所示。

2）指定切削区域，选取叶身正面为加工曲面，如图 8-28 所示。

3）设置刀轴方向。设置刀轴的"指定矢量"为"-YC轴"。

4）设置"范围深度"为"27"，如图 8-29 所示。

图 8-27　复制叶身背面深度轮廓加工程序

图 8-28　设置切削区域

5）生成刀具路径，如图 8-30 所示。

五、编写可变轮廓铣精加工程序（叶身）

1）单击"创建工序"按钮，设置"类型"为"mill_multi-axis"，其他参数设置如图 8-31 所示。注意："几何体"选"毛坯"。

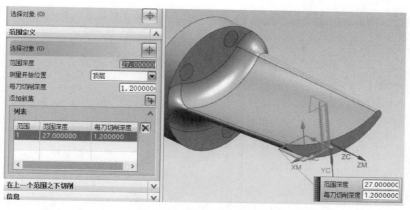

图 8-29　设置切削层深度

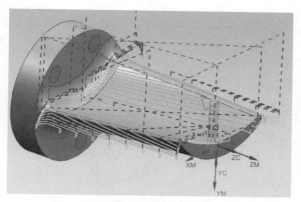

图 8-30　生成深度轮廓加工刀具路径

图 8-31　创建工序

2）不用设置"指定部件"和"指定切削区域"，设置"方法"为"曲面"，设置"切削模式"为"螺旋"，"步距"为"残余高度"，"最大残余高度"为"0.01"，如图 8-32 所示。

3）设置驱动几何体。如图 8-33 所示，按顺时针方向选择曲面。

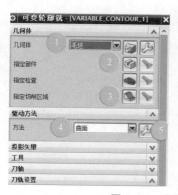

图 8-32　设置驱动方法

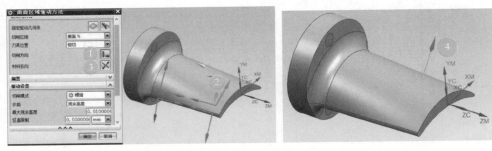

图 8-33　设置驱动几何体

4）设置"切削方向"和"材料反向"，方向选择如图 8-34 所示。

图 8-34　设置"切削方向"和"材料反向"

5）设置"矢量"为"垂直于驱动体"，"轴"为"相对于矢量"，在"相对于矢量"对话框中设置"侧倾角"为"-70"，如图 8-35 所示。

164

图 8-35　设置投影矢量和刀轴

6）设置切削参数。在"余量"选项卡中设置"部件余量"为"0"，"内公差"和"外公差"均为"0.01"，如图 8-36 所示。

7）设置非切削移动参数。设置"进刀类型"为"圆弧-平行于刀轴"，如图 8-37 所示。

图 8-36　设置切削参数

图 8-37　设置非切削移动参数

8）设置进给率和速度。设置"主轴速度"为"15000","切削"为"5000"。

9）生成刀具路径,如图 8-38 所示。

六、编写可变轮廓铣精加工程序（叶根）

1）复制叶身的可变轮廓铣精加工程序,粘贴在"3 精加工"文件夹中。

2）重新选择驱动几何体。打开隐藏的叶根曲面,按［CTRL＋W］键,弹出隐藏的片体,删除之前选择的叶身曲面,重新按顺时针方向选择未修剪的叶根曲面,如图 8-39 所示。注意：一定要选择未修剪的曲面。

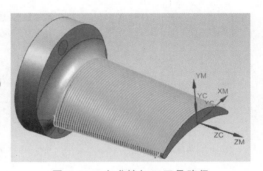

图 8-38　生成精加工刀具路径

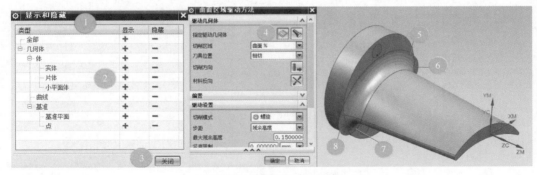

图 8-39　设置驱动几何体

3）设置"切削方向"和"材料反向",如图 8-40 所示。设置材料方向为向外,否则看不到刀路。

4）设置"矢量"为"垂直于驱动体";将"轴"设置为"相对于矢量",设置"侧倾角"为"-70",如图 8-41 所示。

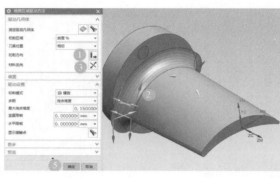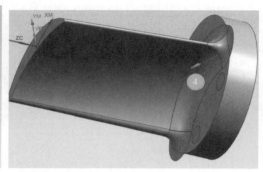

图 8-40　设置"切削方向"和"材料反向"

图 8-41　设置投影矢量和刀轴

5）其他参数设置不变，生成刀具路径，如图 8-42 所示。

七、编写固定轮廓铣精加工程序（底座背面）

1）单击"创建工序"，设置"类型"为"mill_Contour"，"工序子类型"为"固定轮廓铣"，其他参数设置如图 8-43 所示。注意："几何体"选"WORKPIECE"。

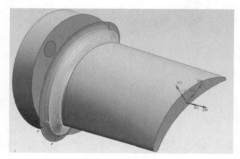

图 8-42　生成叶根精加工程序

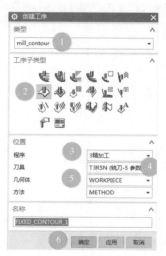

图 8-43　创建工序

2）设置切削区域和驱动方法。选择底座背面为"指定切削区域"，在"驱动方法"中设置"方法"为"区域铣削"，设置"非陡峭切削模式"为"跟随周边"，"步距"为"残余高度"，"最大残余高度"为"0.01"，如图 8-44 所示。

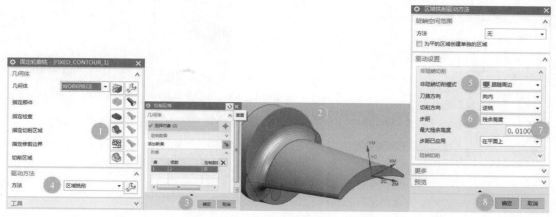

图 8-44　设置驱动方法和切削区域

3）设置"刀轴"中"轴"为"指定矢量"，弹出"矢量"对话框，参数设置如图 8-45 所示。注意："J"和"K"分别对应于 Y 和 Z 轴，刀轴矢量相当于倾斜 45°。

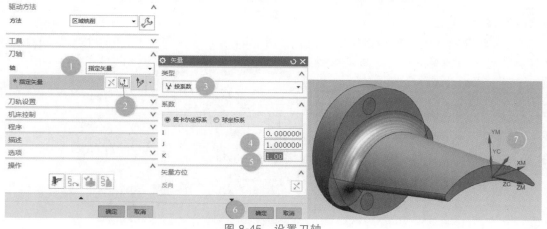

图 8-45　设置刀轴

4）设置切削参数。在"策略"选项卡中勾选"在边上延伸"，设置"距离"为"1"；在"余量"选项卡中，设置"余量"中参数为"0"，设置"公差"中参数为"0.01"，如图 8-46 所示。

5）设置进给率和速度。设置"主轴速度"为"15000"，"切削"为"5000"。

6）生成刀具路径，如图 8-47 所示。

八、编写固定轮廓铣精加工程序（底座正面）

1）复制刚生成的底座背面固定轮廓铣精加工程序，粘贴到"3 精加工"文件夹中。

2）重新设置切削区域。删除原来选定的曲面，重新选择底座正面为加工曲面，如图 8-48 所示。

图 8-46　设置切削参数

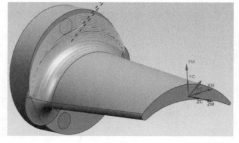

图 8-47　生成精加工刀具路径

图 8-48　设置切削区域

3）重新设置"矢量"对话框中参数，如图 8-49 所示。注意"J"和"K"分别对应于 Y 轴和 Z 轴，刀轴矢量相当于倾斜-45°。

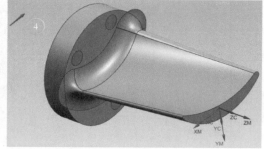

图 8-49　设置刀轴

4）重新生成刀具路径，如图 8-50 所示。

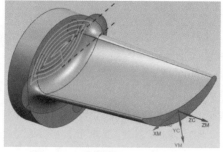

图 8-50　生成精加工刀具路径

任务一 建 模

一、零件图

图 9-1 所示为叶轮的零件图。

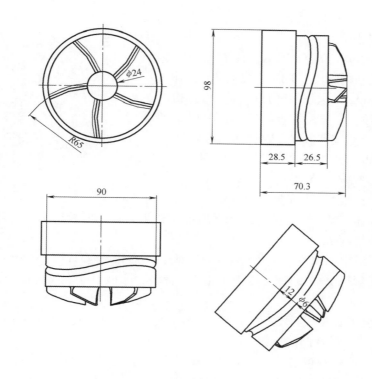

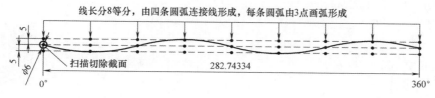

图 9-1 叶轮零件图

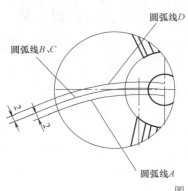

技术要求

1. 圆弧线 A—叶片正面顶部圆弧线，在 SR100mm 圆弧面上；
   圆弧线 B—叶片背面顶部圆弧线，在 SR100mm 圆弧面上；
   圆弧线 C—叶片正面根部圆弧线，在 Z=−16 的 X-Y 平面上；
   圆弧线 D—叶片背面根部圆弧线，在 Z=−16 的 X-Y 平面上；
   B 和 C 在俯视图中重合；SR100mm 球面最高点处 Z=0。
2. 叶片为 5 个，由初始叶片绕 Z 轴圆周均匀变换生成。
3. 初始叶片正面由曲线 A 和 C 拉直纹曲面生成，叶片背面由曲线 B 和 D 拉直纹曲面生成。
4. 叶片正面、背面与底面之间倒圆角半径为 3mm。
5. 圆弧线 C 是 B 的俯视投影，是 A 的等距线，等距离为 2mm；
   圆弧线 D 是 C 的等距线，等距距离为 2mm。

图 9-1　叶轮零件图（续）

二、3D 建模

1. 建模的思路和步骤

叶轮的最终建模结果如图 9-2 所示。具体建模步骤如下。

1）在 X-Z 平面上画草图，"旋转" 草图得到实体。

2）在 X 轴负方向与小圆柱相切的平面上画圆形槽中心线，再缠绕到圆柱面上；然后，在 X-Z 平面上画直径为 6mm 的圆形扫描截面，再 "扫掠" 生成圆形螺旋槽，最后 "求差"。

3）用草图的方式在 Z=−16 的 X-Y 平面上画叶片的圆弧线 A'（A' 为 A 在 Z=−16 的 X-Y 平面上的投影）、C、D，再使用阵列特征的方法生成其他 4 个叶片的圆弧线。

图 9-2　叶轮实体模型

4）先画出 SR100mm 球面；再使用投影的方法生成圆弧 A、B；投影第 2 个叶片背面的顶部圆弧线到球面，得到 B2。

5）用 "直纹" 命令把 C 和 A 拉成初始叶片的正面，把 B2 和 D2 拉成第 2 个叶片的背面。

6）把 A 和 B2 投影到 Z=1 的 X-Y 平面上生成 A″ 和 B2″，再用 "直纹" 命令把 A 和 A″、B2 和 B2″ 拉成曲面。

7）正面和背面也生成四个圆弧，分别用 "直纹" 命令拉成曲面；再生成上下平面；最后把 8 个面缝合，生成两叶片间的实体。

8）利用 "布尔" 命令修剪实体；再用 "变换" 命令复制特征。

9）最后倒 R3mm 和 R2mm 的圆角，完成建模。

2. 在 X-Z 平面画草图，旋转得实体

1）单击 "文件" → "新建" 命令按钮，在 "名称" 文本框中输入 "叶片" 并选择文件夹存放，设置 "单位" 为 "毫米" 单击 "确定" 按钮，完成新建文件。

2）单击 "插入" → "在任务环境中绘制草图" 按钮，建立图 9-3 所示草图，利用 "旋转" 命令得到实体。

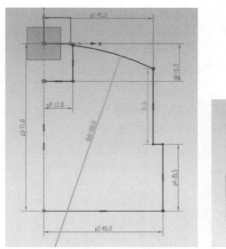
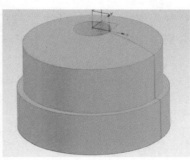

图 9-3　草图曲线和模型实体

3. 在小圆柱侧面建立圆形螺旋槽

1）在 X 轴负方向与小圆柱侧面相切的平面上画圆形螺旋槽中心线。单击"插入"→"基准平面"按钮，建立基准平面；再单击"插入"→"在任务环境中绘制草图"按钮，建立圆形螺旋槽中心线，如图 9-4 所示。

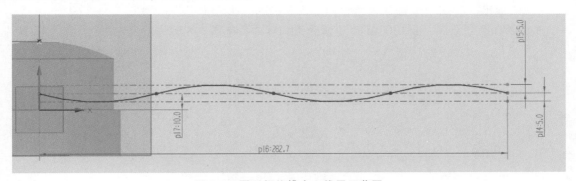

图 9-4　圆形螺旋槽中心线展开草图

2）把圆形螺旋槽中心线缠绕到圆柱面上。单击"插入"→"派生曲线"→"缠绕/展开曲线"按钮，建立缠绕曲线，如图 9-5 所示。

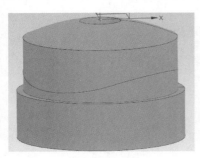

图 9-5　缠绕曲线

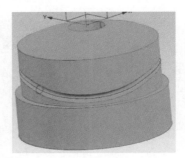

图 9-6　圆形螺旋槽

171

3）在 X-Z 平面上画 ϕ6mm 的圆形扫描截面草图。

4）用"扫掠"命令建立螺旋槽。单击"插入"→"扫掠"→"扫掠"按钮，勾选"保留形状"，设置"方向"为"面的方向"并选择圆柱面；完成"扫掠"设置后要做"减法"操作，修剪实体得到圆形螺旋槽，如图 9-6 所示。

4. 在 Z=−16 的 X-Y 平面画叶片圆弧线 A′、C、D

先画初始叶片的圆弧边线，再用"变换"命令生成其他叶片的圆弧线。注意：画两个辅助圆，直径分别为 20mm 和 92mm，用来修剪叶片的圆弧线 A′、C、D，如图 9-7 所示。

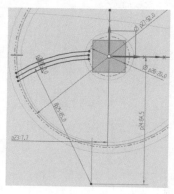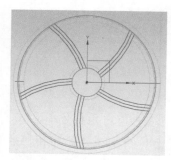

图 9-7　叶片圆弧线

5. 先画出 SR100mm 球面；再投影生成曲线 A、B 和 B2

1）画出圆弧草图，再用"旋转"命令得到球面，如图 9-8 所示。

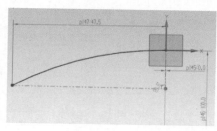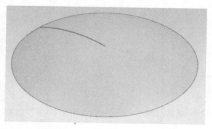

图 9-8　SR100mm 球面

2）使用"投影曲线"命令在 SR100mm 球面上，把圆弧线 B2′（图 9-9 中①）投影生成曲线 B2（图 9-9 中②）；把圆弧线 A′（图 9-9 中③）投影生成曲线 A（图 9-9 中④），如图 9-9 所示。

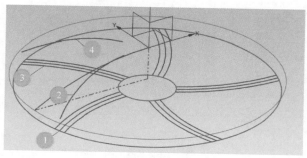

图 9-9　投影生成曲线 A、B2

6. 用"直纹"命令把 C 和 A 拉成初始叶片的正面，拉 B2 和 D2 拉成第 2 个叶片的背面

单击"插入"→"网格曲面"→"直纹"按钮，分别拉 A 和 C，B2 和 D2 生成直纹面，如图 9-10 所示。

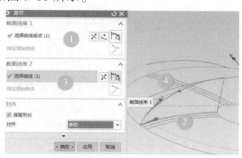
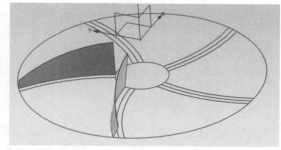

图 9-10 两个直纹面

7. 生成两叶片间的实体

1）单击"插入"→"在任务环境中绘制草图"按钮，在 Z=1 的 X-Y 平面创建 φ92mm 圆形草图，再生成圆弧 A'（图 9-11 中①）和 B2'（图 9-11 中③）在该平面的投影曲线，并对这两条新曲线进行延伸和修剪，得到图 9-11 所示的圆弧线 A″（图 9-11 中②）和 B2″（图 9-11 中④）；最后单击"插入"→"曲面"→"有界平面"按钮，生成平面，如图 9-12 所示。

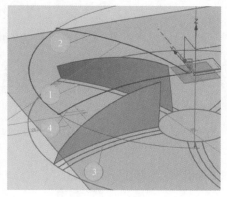
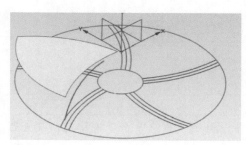

图 9-11 投影　　　　　　　　　　　　　　图 9-12 有界平面

2）用延伸片体和修剪片体的方法得到封闭的片体，如图 9-13 所示。

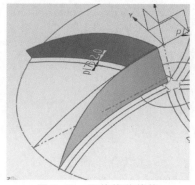

图 9-13 延伸修剪片体

3) 用"直纹"命令分别拉正面和背面顶部边线到刚创建的有界平面的两边线，生成两个直纹面，如图9-14所示。再单击"插入"→"派生曲线"→"抽取"按钮得到两条边，如图9-15所示。

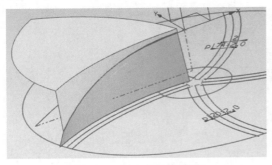

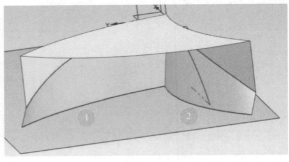

图9-14　侧上部拉直纹面　　　　　　　　　图9-15　抽取两条边

4) 在Z=-11的X-Y平面上抓两端点，设置圆心坐标为（0，0），生成圆弧线，如图9-16a所示；再用"有界平面"命令生成下表面，如图9-16b所示。

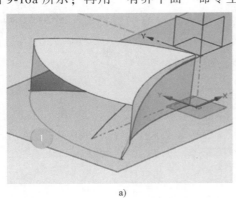
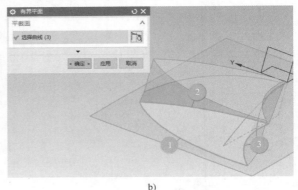

a)　　　　　　　　　　　　　　　　　　b)

图9-16　圆弧线和有界平面

5) 再用"直纹"命令连接端口圆弧线进行封口，如图9-17所示。

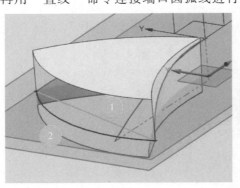
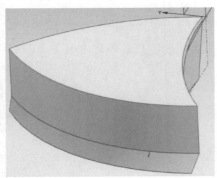

图9-17　直纹面封口

6) 单击"插入"→"组合"→"缝合"命令把8个面缝合。注意：设置"公差"为"0.1"。生成两叶片间的实体，如图9-18所示。

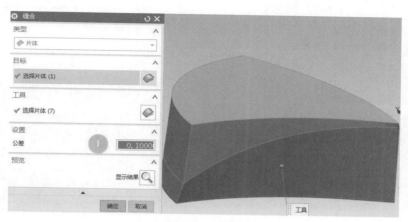

图 9-18　缝合

8. 修剪体和阵列特征

1）利用"修剪体"命令修剪两叶片间实体，如图 9-19 所示。

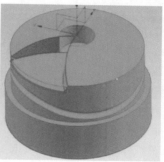

图 9-19　缝合后修剪体

2）利用"阵列特征"命令得到 5 个叶片，如图 9-20 所示。

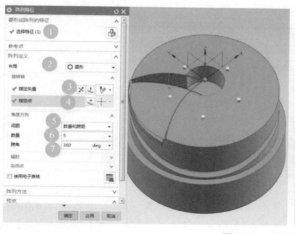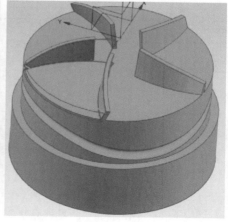

175

图 9-20　阵列

9. 倒 *R*3mm 和 *R*2mm 圆角

对叶片底边和外侧顶角分别进行倒圆角，如图 9-21 所示。

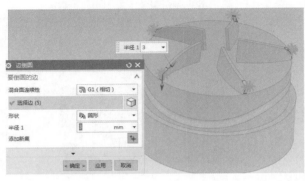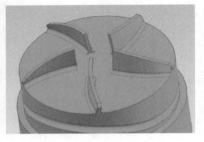

图 9-21 倒圆角

任务二 加 工 工 艺

一、工艺分析

毛坯材料为硬铝 2A12，其直径为 98mm，长为 71mm。毛坯底面打孔攻螺纹后，用自定心夹具装夹在机床工作台上。该零件叶片较薄，为防止叶片加工时受力变形，在圆台粗加工后，先完成叶片顶部球面的半精加工和精加工，再进行叶片侧面的半精加工和精加工（五轴联动加工）。由于三轴型腔铣、圆外轮廓精加工、底面精加工、中间圆柱精加工和圆槽流线精加工前面都已讲过，所以下文涉及相关内容就简要叙述，重点介绍工艺顺序和叶片的前后面加工。

二、程序编写流程及加工工序长

叶轮的加工工序卡见表 9-1。

表 9-1 叶轮的加工工序卡

工步号	工步名	编程方法	加工部位和余量	刀具号	刀具规格	主轴转速/(r/min)	进给速度/(mm/min)	刀轴	备注
1	粗加工	型腔铣	圆台，底面留 0.2mm，侧面留 0.3mm	1	D12	10000	5000	+ZM 轴	见图 9-22a
2	精加工	平面铣	两圆柱侧面和底面	2	D10	12000	5000	+ZM 轴	见图 9-22b
3	精加工	面铣	小圆柱平台	2	D10	12000	5000	垂直于底面	见图 9-22c
4	半精加工和精加工	固定轮廓铣	叶片顶部球面，留 0.15mm（半精加工）	3	R3	15000	5000	+ZC	见图 9-22d

（续）

工步号	工步名	编程方法	加工部位和余量	刀具号	刀具规格	主轴转速/(r/min)	进给速度/(mm/min)	刀轴	备注
5	精加工并变换	可变轮廓铣	叶片正面和背面	4	R2	18000	5000	侧刃驱动体	见图9-22e
6	精加工	可变轮廓铣	圆形螺旋槽	3	R3	18000	5000	选离直线（ZC轴）	见图9-22f

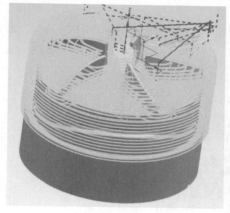

a) 圆台的粗加工

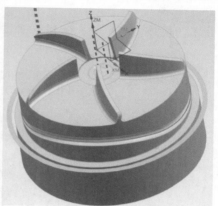

b) 两圆柱侧面和底面精加工

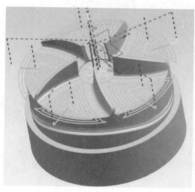

c) 小圆柱平台精加工

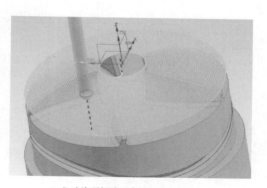

d) 叶片顶部球面半精加工和精加工

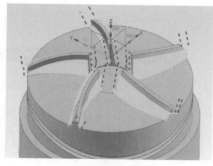

e) 叶片正面和背面精加工

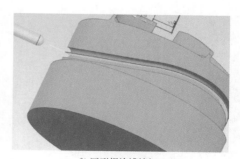

f) 圆形螺旋槽精加工

图 9-22 程序编写流程

177

任务三　加工编程准备

一、几何准备

1. 加工坐标系的设置

选择圆柱毛坯上表面中心为加工坐标系原点，如图 9-23 所示。

2. 几何体的设置

先设置毛坯几何体"MAO"，在其下面设置"工件几何体 WORKPIECE"，如图 9-23 所示。

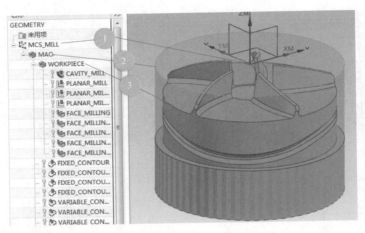

图 9-23　设置加工坐标系和几何体

二、刀具准备

创建 4 把刀具，如图 9-24 所示。

三、程序顺序准备

单击"创建程序"按钮，根据图 9-25 所示创建 4 个文件夹，分别放置相应的加工程序。

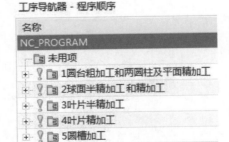

图 9-24　创建加工刀具　　　　　　　图 9-25　设置程序顺序

任务四 编写加工程序

一、编写型腔铣粗加工程序（圆台）

1）单击"创建工序"按钮，设置"类型"为"mill_contour"，"工序子类型"为"型腔铣"，其他参数设置如图 9-26 所示。打开"切削参数"对话框，设置部件侧面余量为"0.3"部件，底面余量为"0.2"，如图 9-27 所示。

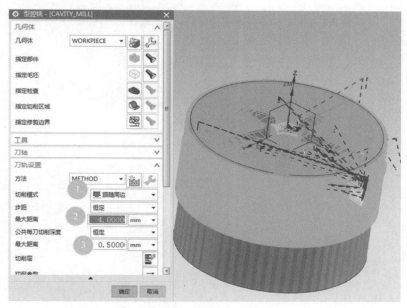

图 9-26 型腔铣参数设置

2）其他参数设置与项目八中透平叶片的第 1 步型腔铣粗加工程序相同，只是刀轴为默认的"+ZM 轴"生成刀具的路径。

二、编写平面铣精加工程序（两圆柱侧面和底面）

1）创建工序，设置"类型"为"mill_planar""工序子类型"为"平面铣"。

2）选"T2D10"刀具，指定部件边界和底面，设置"轴"为"+ZM 轴"，"切削模式"为"轮廓"，"步距"为"恒定"，附加刀路为"3"，"最大距离"为"0.1"，如图 9-28 所示。

3）设置切削参数，设置"部件余量"为"0"，"最终底面余量为""0"。

4）设置非切削移动参数。单击"非切削参数"按钮 ⬚，按图 9-29a 所示设置相关参数。

5）设置"主轴速度"为"12000"，"切削"为"5000"。

图 9-27 余量设置

179

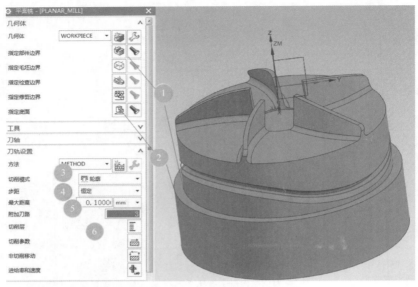

图 9-28　选几何体和设置刀轨参数

6）生成刀具路径，如图 9-29b 所示。

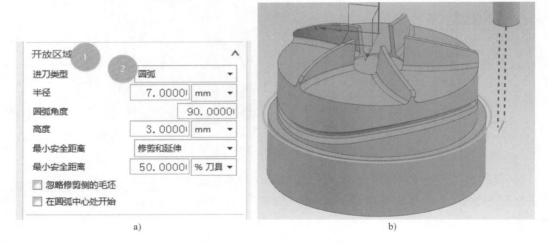

a)　　　　　　　　　　　　　　　　b)

图 9-29　非切削参数设置与刀具路径

7）用同样的方法生成中间圆柱槽的精加工刀具路径，如图 9-30 所示。

180

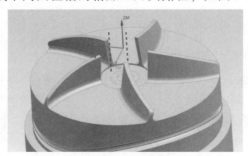

图 9-30　中间圆柱槽的精加工刀具路径

三、编写面铣精加工程序（小圆柱平台）

1）创建工序，设置"类型"为"mill_planar"，"工序子类型"为"面铣"，"刀具"为"D10"。

2）"指定部件"选模型整体，"指定面边界"选择两叶片间平面，设置"切削模式"为"跟随部件"，"步距"为"恒定"，"最大距离"为"4"，其他参数设置如图 9-31 所示。

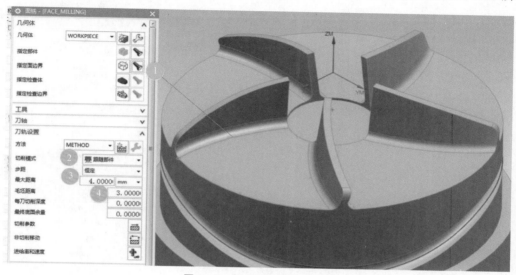

图 9-31 设置几何体和刀轨

3）设置"轴"为"垂直于底面"；侧面不留余量，生成的刀具路径如图 9-32 所示。

4）最后进行变换。先选择要变换的程序，单击右键菜单中的"变换"按钮，设置"类型"为"绕直线旋转"，"角度"为"360/5"，勾选"实例"，输入"距离/角度分割"为"1"，"实例数"为"4"，如图 9-33 所示。得到的结果如图 9-34 所示。

四、编写固定轮廓铣半精和精加工程序（叶片顶部球面）

图 9-32 生成小圆柱平台
精加工刀具路径

1）创建工序，设置"类型"为"mill_contour"，"工序子类型"为"固定轮廓铣"，"刀具"为"T3R3"，如图 9-35 所示。

2）设置"几何体"为"MAO""方法"为"曲面"并选择叶片顶部球面为驱动几何体，按图 9-36 所示指定切削方向；半精加工时设置"曲面偏置"为"0.15"，"切削模式"为"螺旋"，"步距"为"残余高度"，"最大残余高度"为"0.03"，"内公差"为"0.03"，"外公差"为"0.03"，如图 9-36 所示。

3）设置"主轴速度"为"15000"，"切削"为"5000"。

4）生成刀具路径，如图 9-37 所示。

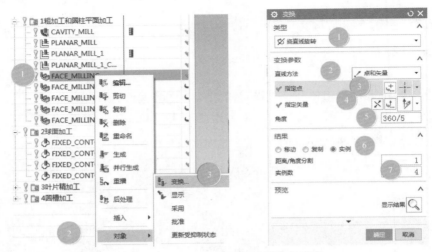

图 9-33 "变换"对话框中的参数设置

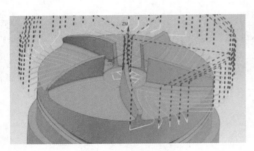

图 9-34　变换结果

图 9-35　创建固定轮廓铣工序

182

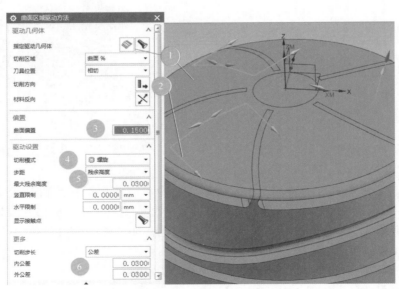

图 9-36　驱动方法设置

5）用同样的方法生成叶片顶部的 *R*3mm 圆角的半精加工刀具路径，如图 9-38 所示。

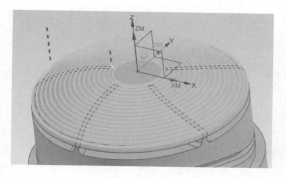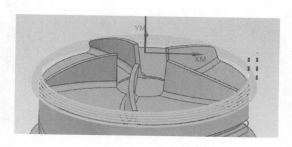

图 9-37 *SR*100mm 球面的半精加工刀具路径　　　　图 9-38 *R*3mm 圆角的半精加工刀具路径

6）最后把"曲面偏置"改为"0"，再把"内公差"和"外公差"都改为"0.01"，生成 *SR*100mm 球面和 *R*3mm 圆角的精加工刀具路径，如图 9-39 所示。

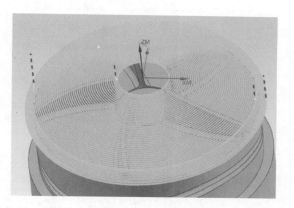

图 9-39 *SR*100mm 球面和 *R*3mm 圆角的精加工刀具路径

五、编写可变轮廓铣半精加工程序（叶片正面）

1）单击"创建工序"按钮，设置"类型"为"mill_multi-axis"，"工序子类型"为"可变轮廓铣"。注意："几何体"选"MAO"。

2）因叶片根部圆角半径为 2mm，故"刀具"选"T4R2"；不用设置"指定部件"和"指定切削区域"，只设置"方法"为"曲面"；设置"切削方向"为图 9-40 中所示方向；设置"曲面偏置"为"0.15"，"切削模式"为"往复"，"步距"为"数量"，"步距数"为"20"，"刀具位置"为"相切"，"内公差"为"0.03"，"外公差"为"0.03"，如图 9-40 所示。

3）"投影矢量"参数默认，设置"轴"为"侧刃驱动体"，并选择侧刃驱动方向，如图 9-41 所示。

4）设置"主轴速度"为"18000"，"切削"为"5000"。生成刀具路径，如图 9-42 所示。

183

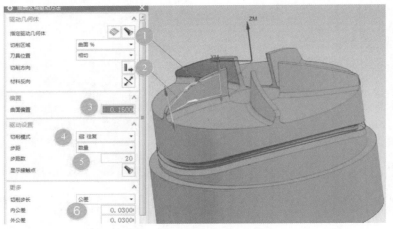

图 9-40 设置驱动方法

图 9-41 刀轴设置

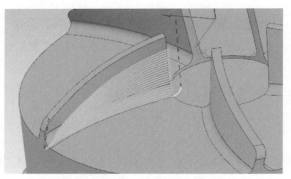

图 9-42 生成叶片正面半精加工刀具路径

六、编写可变轮廓铣半精加工程序（叶片背面）

1）复制刚生成的程序，粘贴到对应文件夹中，删除原驱动几何体，重新选择叶片的背面，并指定切削方向，如图 9-43 所示。

2）生成叶片背面的半精加工程序后，将其与叶片正面的半精加工程序一起进行变换，得到的加工刀具路径如图 9-44 所示。

图 9-43 重新选择驱动几何体和切削方向

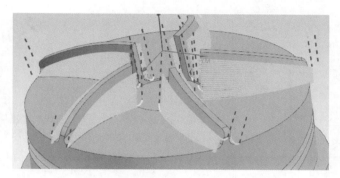

图 9-44 变换得到叶片的半精加工刀具路径

七、编写可变轮廓铣精加工程序（叶片正面）

1）复制前面生成的叶片半精加工程序，粘贴到"4 叶片的精加工"文件夹中；修改"曲面偏置"为"0"；设置"切削方向"为图 9-45 中所示方向；设置"切削模式"为"单向"，"步距"为"数量"，"步距数"为"0"，如图 9-45 所示。

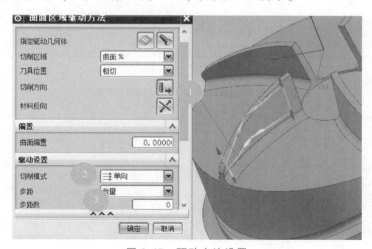

图 9-45 驱动方法设置

2）生成叶片正面精加工刀具路径，如图9-46所示。

3）选中刚生成的程序进行变换，在右键菜单中单击"变换"按钮，"变换"对话框中的参数设置如图9-47所示，得到全部叶片正面精加工刀具路径。

4）复制叶片背面的半精加工程序，粘贴到"4叶片精加工"文件夹中，设置"指定部件"为模型整体、"指定驱动几何体"为叶片背面，如图9-48所示；注意材料方向应如图9-49所示，否则单击"材料反向"按钮。

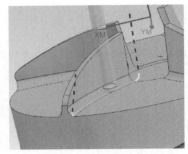

图9-46 叶片正面精加工刀具路径

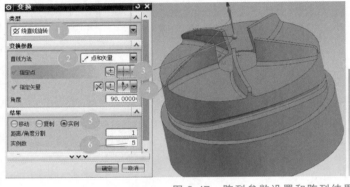

图9-47 阵列参数设置和阵列结果

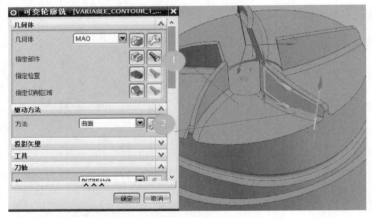

图9-48 设置指定部件和驱动几何体

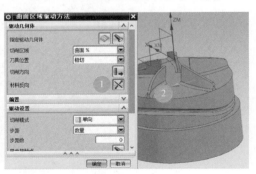

图9-49 设置驱动方法

186

八、编写圆形螺旋槽的精加工程序

1) 单击"创建工序"按钮，设置"类型"为"mill_mulit-axis"，"工序子类型"为"可变轮廓铣"，其他参数设置如图 9-50 所示，单击"确定"按钮完成创建工序。

2) 设置"方法"为"流线"，先选一条流线，再单击"添加新集"按钮 ，选择第 2 条流线，如图 9-51 所示。注意：两条流线的方向应相同。

3)"驱动设置"的参数设置如图 9-52 所示。设置完成后单击"确定"按钮。

4)"刀具"选择"T4R2"，"轴"选择"远离直线"；单击"刀轴"选项处"编辑"按钮 ，"指定点"选圆柱中心；"指定矢量"选择"ZC 轴"。

5) 设置"主轴速度"为"18000"，"切削"为"5000"；得到的刀具路径如图 9-53 所示。

图 9-50　创建工序

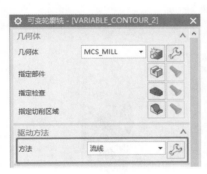

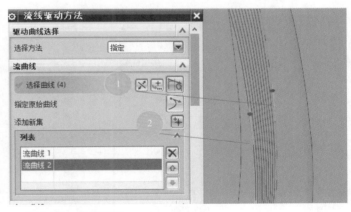

图 9-51　选择流线

图 9-52　驱动参数设置

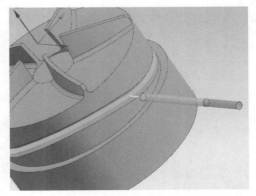

图 9-53　生成圆形螺旋槽精加工刀具路径

大力神杯的加工编程

任务一　模　型　导　入

大力神杯模型的曲面复杂，所以直接从外部导入 IGES 格式的文件进行加工程序的编写。单击"文件"→"导入"→"IGES"按钮，选择"大力神杯.igs"文件，单击"确定"按钮完成导入。导入后会产生很多体，这些体是一个个小的平面。模型导入过程及结果如图 10-1 所示。模型导入后可以将所有面缝合成一个面，方便以后编程时进行选择。注意：缝合时公差可以适当放大。然后在大力神杯底部创建基准坐标系。

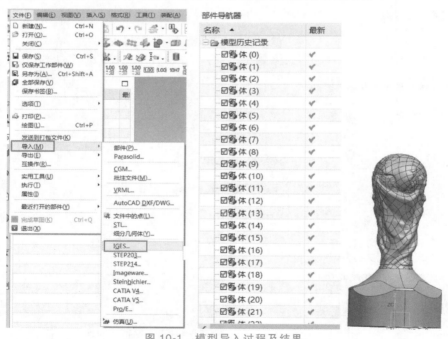

图 10-1　模型导入过程及结果

任务二　加　工　工　艺

一、工艺分析

该模型产品属于工艺品，所以对尺寸精度要求不是太高，但对表面粗糙度要求较高，且因曲面较多，应使用较小刀具进行加工，考虑到实际加工情况，最终的精加工采用"R1"球头刀。该模型产品的毛坯为经过精车的圆柱体，材料为 6061 铝合金。拟采用五轴机床完成加工，程序编写应根据五轴加工工艺进行。

二、程序编写流程及加工工序卡

大力神杯的加工工序卡见表 10-1。

表 10-1　大力神杯加工工序卡

工步号	工步名	编程方法	加工部位	刀具号	刀具规格	主轴转速/(r/min)	进给速度/(mm/min)	刀轴	备注
1	粗加工	型腔铣	右半边	1	D16	2000	1500	指定矢量（XC 轴）	见图 10-2a
2	粗加工	型腔铣	左半边	1	D16	2000	1500	指定矢量（-XC 轴）	见图 10-2b
3	半精加工	可变轮廓铣	曲面全部	2	R5	3000	1500	垂直于驱动体	见图 10-2c
4	精加工	可变轮廓铣	底部曲面	2	R5	3000	1500	垂直于驱动体	见图 10-2d
5	精加工	可变轮廓铣	上部曲面	3	R3	3000	1500	垂直于驱动体	见图 10-2e
6	精加工	可变轮廓铣	上部曲面	4	R1	3000	1500	垂直于驱动体	见图 10-2f

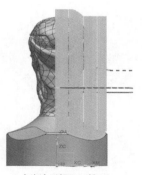

a) 右半边开粗(D16铣刀)

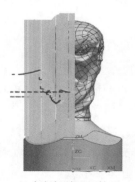

b) 左半边开粗(D16铣刀)

c) 整体二粗(R5球头铣刀)

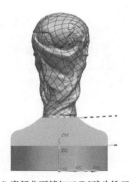

d) 底部曲面精加工(R5球头铣刀)

e) 上部曲面精加工(R3球头铣刀)

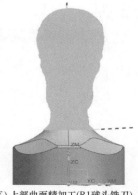

f) 上部曲面精加工(R1球头铣刀)

图 10-2　程序编写流程

任务三　加工编程准备

1）单击"加工"按钮，会弹出"加工环境"对话框，在"要创建的CAM 设置"列表中选择"mill_contour"，单击"确定"按钮，进入加工模块。

2）大力神杯上半部由小的曲面组成，不方便找到其中心位置和最高点，可以在建模环境中使用"方块"命令，创建大力神杯的包容圆柱体。由于软件版本和个人设置不同，如果操作窗口中没有"方块"命令按钮，可以在"命令查找器"中输入"方块"，即可找到"方块"命令。在"创建方块"对话框中设置"类型"为"有界圆柱体"，然后选择大力神杯所有曲面，设置"指定矢量"为"ZC 轴"，"间隙"为"0"，其他参数默认，产生圆柱体，如图 10-3a 所示。

a)

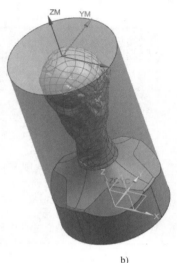

b)

图 10-3　生成有界圆柱体

3）在"工序导航器-几何"中双击 MCS_MILL ，将加工坐标系原点设置在上一步产生的有界圆柱体上表面中心，也就是大力神杯顶部中心，如图 10-3b 所示。设置"安全设置选项"为"圆柱"，"指定点"为"0.0.0"，"指定矢量"为"ZC 轴"，"半径"为"80"，完成坐标系的设定；双击 WORKPIECE ，在"工件"对话框中设置"指定部件"为大力神杯，进入"毛坯几何体"对话框，设置"类型"为包容圆柱体，"方向"为"+ZM"，在"ZM+"文本框中输入"0.5"，如图 10-4 所示。

4）在"工序导航器-机床"中分别创建面铣刀"D16"和球头铣刀"R5""R3""R1"，如图 10-5 所示。

图 10-4　设置毛坯几何体

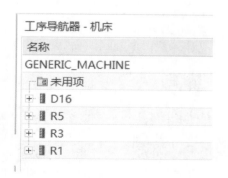

图 10-5　刀具创建

任务四　编写加工程序

一、大力神杯右半边开粗

1）单击"创建工序"按钮，设置"类型"为"mill_contour"，"工序子类型"为"型腔铣"，"刀具"为"D16"，"几何体"为"WORKPIECE"，其他参数设置如图 10-6 所示。

2）在"型腔铣"对话框中设置"轴"为"指定矢量"并选择"XC 轴"，在"刀轨设置"中设置"切削模式"为"跟随周边"，"步距"为"刀具平直百分比"，"平面直径百分比"为"70"，"公共每刀切削深度"为"恒定"，"最大距离"为"1"，如图 10-7 所示。

图 10-6　创建工序

图 10-7　刀轴和刀轨设置

3）在"切削层"对话框中设置"范围深度"为"41"，（原为"40"，为了左右两边加工时能重合 1mm，修改为"41"）。其他参数默认，如图 10-8 所示。

4）在"切削参数"对话框的"策略"选项卡中设置"切削方向"为"顺铣"，"切削顺序"为"层优先"，"刀路方向"为"向内"，勾选"岛清根"，设置"壁清理"为"自动"；在"余量"选项卡中设置"部件侧面余量"为"0.5"，其他参数默认，如图 10-9 所示。

5）在"非切削移动"对话框中，选择"移动/快速"选项卡，设置"区域内"的"转移类型"为"前一平面"，"安全距离"为"3"，其他参数默认即可，如图 10-10 所示。

6）在"进给率和速度"对话框中，设置"主轴速度"为"2000"，"切削"为"1500"，如图 10-11 所示。

7）其余参数默认即可，生成的刀具路径如图 10-12 所示。

二、大力神杯左半边开粗

选择上一步生成的程序，复制并粘贴到工序导航器中。编辑新程序，设置"轴"为"指定矢量"，并在"指定矢量"中选择"−XC 轴"，其他参数不变。生成的刀具路径如图 10-13 所示。

图 10-8　切削层设置

图 10-9　切削参数设置

图 10-10　"转移/快速"选项卡设置

图 10-11　进给率和速度设置

图 10-12　生成大力神杯右半边开粗刀具路径

图 10-13　生成刀具路径

三、大力神杯整体二粗

由于大力神杯由很多小曲面组成，直接根据这些曲面编写的加工程序所产生的刀路不够理想，建议做一驱动面。产生的驱动面要求 UV 线要规则。因为大力神杯基本是圆柱形，所以可以采用"旋转"命令产生旋转曲面。绘制草图时，注意标识处曲线应与直线相切。为便于观察，设置绘制曲面的显示透明度为 80%。旋转草图，产生的曲面和线框显示 UV 线如图 10-14 所示。

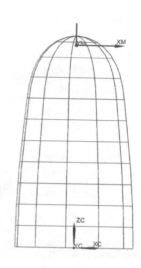

图 10-14　投影曲面创建

1）单击"创建工序"按钮，设置"类型"为"mill_multi-axis"，"工序子类型"为"可变轮廓铣"，"刀具"为"R5"，"几何体"为"WORKPIECE"，其他参数默认，如图 10-15 所示。

2）在"可变轮廓铣"对话框中，设置"驱动方法"中的"方法"为"曲面"如图 10-16 所示。会出现报警提示弹窗，如图 10-17 所示。单击"确定"按钮，进入"曲面区域驱动方法"对话框，"指定驱动几何体"选择刚创建的旋转面。"曲面偏置"设为"0"，设置"切削模式"为"螺旋"，"步距"为"数量"，"步距数"为"10"（待路径正确合理后可再调整步距数），其他参数默认，如图 10-18 所示。切削方向选择图 10-19 中所示方向，材料方向朝外，在"投影矢量"中设置"矢量"为"刀轴"，在"刀轴"中设置"轴"为"垂直于驱动体"，如图 10-20 所示。在"切削参数"对话框设置中"部件余量"为"0.2"，单击"生成"按钮，生成的刀具路径如图 10-21 所示。

3）显然刚产生的刀具路径不合理，一是底部已车削加工好的部分不用再加工，以免浪费时间；另外刀具路径太稀疏。在"工序导航器"中双击刚产生的程序，单击"驱动方法"中的按钮🔧，如图 10-22 所示。进入"曲面区域驱动方法"对话框，单击"切削区域"中"曲面%"，如图 10-23 所示。出现"曲面百分比方法"对话框，设置"结束步长%"为"86"，如图 10-24 所示。切削范围变成图 10-25 所示的方框内部分。设置"步距数"为"100"，如图 10-26 所示。设置"主轴速度"为"3000"，"切削"为"1500"，如图 10-27 所示。

4）生成的刀具路径如图 10-28 所示。

图 10-15　创建工序

图 10-16　可变轮廓铣

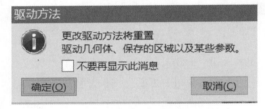

图 10-17　"驱动方法"报警弹窗

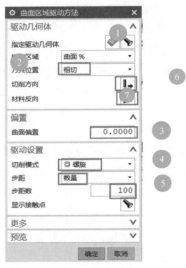

图 10-18　曲面区域驱动方法设置

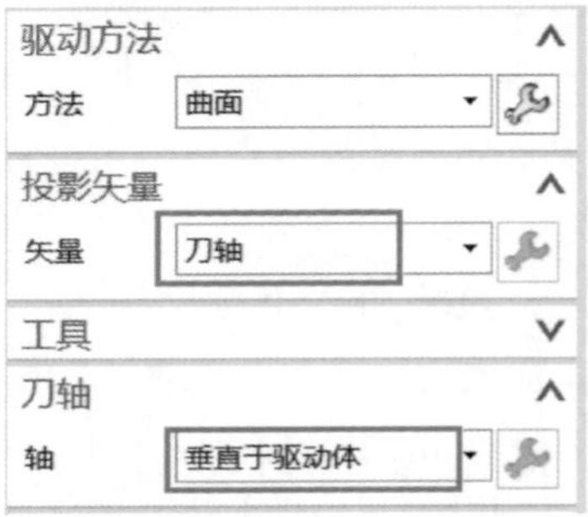

图 10-19　切削方向的选择

图 10-20　刀轴设置

图 10-21 生成大力神杯二粗刀具路径

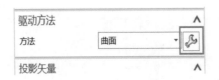

图 10-22 驱动方法

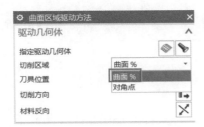

图 10-23 曲面区域驱动方法

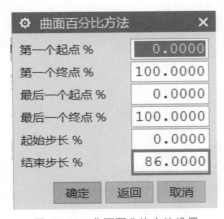

图 10-24 曲面百分比方法设置

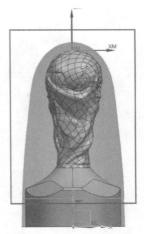

图 10-25 加工范围显示

图 10-26 驱动设置

图 10-27 进给率和速度

图 10-28 生成的刀具路径

195

四、底部曲面精加工

复制上一步创建的程序，粘贴在"工序导航器"中，双击该程序进入编辑状态，单击"驱动方法"中按钮 🔧，进入"曲面区域驱动方法"对话框，单击"切削区域"中"曲面%"，出现"曲面百分比方法"对话框，设置"起始步长%"为"70"，"结束步长%"为"86"，切削范围发生变化，如图10-29所示。"曲面偏置"设为"0"，"步距数"设为"50"，如图10-30所示。

图 10-29　修改曲面百分比参数

在"切削参数"对话框中设置"部件余量"为0，单击"生成"按钮，生成的刀具路径如图10-31所示。

图 10-30　偏置和步距数设置

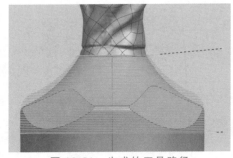

图 10-31　生成的刀具路径

五、上部曲面精加工（R3刀）

复制上一步创建的程序，粘贴在"工序导航器"中，双击该程序进入编辑状态，单击"驱动方法"中按钮 🔧，进入"曲面区域驱动方法"对话框，单击"切削区域"中"曲面%"，出现"曲面百分比方法"对话框，设置"起始步长%"为"0"，"结束步长%"为"73"，切削范围发生变化，如图10-32所示。设置"曲面偏置"为"0"，"步距"为"残余高度"，"最大残余高度"为"0.03"，如图10-33所示。设置"刀具"为"R3"。单击"生成"按钮，生成的刀具路径如图10-34所示。

图 10-32　修改曲面百分比参数

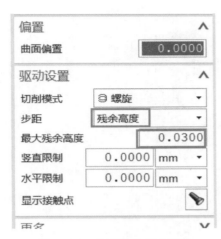

图 10-33 偏置和步距数设置

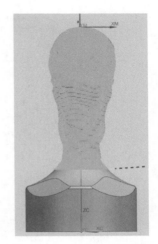

图 10-34 生成的刀具路径

六、上部曲面精加工（R1 刀）

复制上一步创建的程序，设置"刀具"为"R1"，清理小的角落处。单击"生成"按钮，生成的刀具路径如图 10-35 所示。

七、程序整理及仿真

1）整理编写好的程序。将编写好的程序进行整理，重点检查刀具号、加工顺序、主轴转速和进给率是否正确，观察加工时间是否合理，调整完成后，程序顺序如图 10-36 所示。

2）程序仿真加工。在"刀轨可视化"对话框中对所有程序

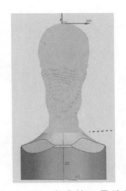

图 10-35 生成的刀具路径

进行仿真加工，选择"3D 动态"选项卡，动画速度可自行调节至合适位置，便于观察即可。仿真后产生的结果如图 10-37 所示。单击"按颜色显示厚度"按钮，仿真模型会重新生成，如图 10-38 所示。可以放大或缩小以便观察加工状态。此次加工中有些小的角落没有加工到位，是因为考虑到机床不能使用太小的刀具，如果使用了比"R1"尺寸更小的刀具，加工效果会更好，其对应的程序编写方法和选用"R1"刀具时基本一样。

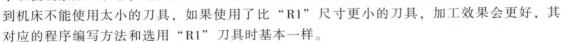

名称	换刀	刀具	刀具号	进给	速度	时间
NC_PROGRAM						01:39:17
▫ 未用项						00:00:00
⊟⁻ ▫ PROGRAM						01:39:17
⌐ ▽ ㇗ CAVITY_MILL	▮	D16	1	1500 mmpm	2000 rpm	00:26:14
⌐ ▽ ㇗ CAVITY_MILL_1		D16	1	1500 mmpm	2000 rpm	00:26:13
⌐ ▽ ⟩ VARIABLE_CONTOUR	▮	R5	2	1500 mmpm	2000 rpm	00:08:20
⌐ ▽ ⟩ VARIABLE_CONTOU...		R5	2	1500 mmpm	3000 rpm	00:06:42
⌐ ▽ ⟩ VARIABLE_CONTOU...	▮	R3	3	1500 mmpm	3000 rpm	00:11:26
⌐ ▽ ⟩ VARIABLE_CONTOU...	▮	R1	4	1500 mmpm	3000 rpm	00:19:34

工序导航器 - 程序顺序

图 10-36 加工程序顺序

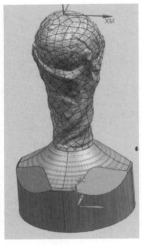

图 10-37　程序仿真结果

图 10-38　程序仿真结果（按颜色显示厚度）

参 考 文 献

[1] 陈学翔. UG NX6.0数控加工经典案例解析 [M]. 北京：清华大学出版社，2009.
[2] 高永祥. 多轴加工技术 [M]. 北京：机械工业出版社，2019.